# *Chamaeleo calyptratus*

## Das Jemenchamäleon

von
Wolfgang Schmidt

78 Abbildungen

**Fotos Titel**

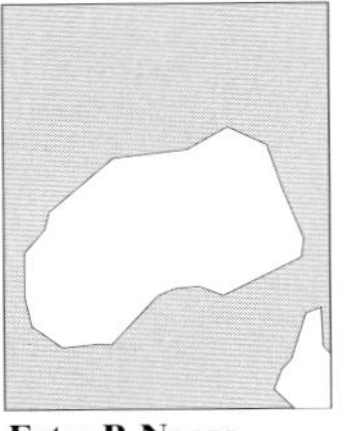

Foto: P. Neças

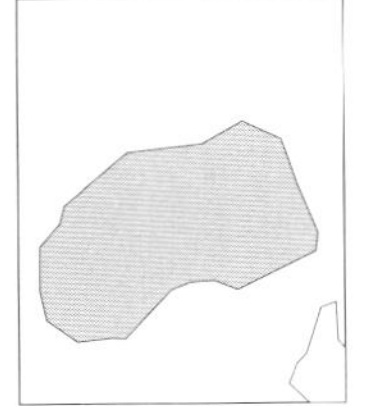

Foto: U. Dost

**Foto Rückseite**

Foto: W. Schmidt

Die Deutsche Bibliothek - CIP Einheitsaufnahme

**Schmidt, Wolfgang:**
Chamaeleo calyptratus: das Jemenchamäleon / von Wolfgang
Schmidt - Münster: Natur-und-Tier-Verl., 1999
(Terrarien-Bibliothek)
ISBN 3-931587-14-2



1. Auflage 1999
2. Auflage 2001
3. Auflage 2003
4. Auflage 2005

ISBN 3-931587-14-2


An der Kleimannbrücke 39/41, 48157 Münster
Tel.: 0251-13339-0, Fax: 0251-13339-33
www.ms-verlag.de

Geschäftsführung: Matthias Schmidt
Lektorat: Heiko Werning
Layout: Ludger Hogeback
Druck: Alföldi, Debrecen

# Inhalt

## Vorwort

Unter den zahlreichen im Terrarium gepflegten Amphibien und Reptilien nahmen die Chamäleons schon immer eine ganz besondere Stellung ein, da sie wie kaum ein anderes Tier eine erstaunliche Faszination auf die Menschen ausüben. Dies läßt sich deutlich an der mythologischen Rolle dieser Tiere in ihren Heimatländern ablesen, aber auch daran, daß sie als Terrarienpfleglinge sehr begehrt sind. Letzteres sogar, obwohl Chamäleons doch über Jahrzehnte als besonders heikle oder gar unhaltbare Pfleglinge galten. Entsprechend gering war auch die Zahl der Erfolgsmeldungen in der Fachliteratur. Erst in den letzten eineinhalb Jahrzehnten - und speziell für das Jemenchamäleon erst seit etwa zehn Jahren - gelang es, auch aufgrund verbesserter Kenntnisse der Lebensräume und -bedingungen der Tiere durch Erkundungen vor Ort, viele Probleme der Chamäleonpflege und -zucht zu lösen. Insbesondere das Jemenchamäleon erwies sich als leicht zu pflegende und zu vermehrende Art und stellt heute folglich einen geradezu idealen Terrarienpflegling dar.
Da die Tiere inzwischen weitgehend unproblematisch als Nachzuchten in nahezu jedem spezialisierten Zoofachgeschäft erhältlich sind, schien es mir der richtige Zeitpunkt, ein Buch speziell über *Chamaeleo calyptratus* zu verfassen. Diese Monographie will die vielen faszinierenden Besonderheiten dieser Chamäleons etwas genauer vorstellen, die weit über den Farbwechsel, den Greifschwanz und die mehr als körperlange Zunge hinausreichen. Darüber hinaus soll es Anfängern Hilfestellung bei der Gestaltung und Einrichtung des Terrariums leisten und Grundlage bei der Entscheidung für das Jemenchamäleon sein. Auch dem erfahreneren Terrarianer kann das Buch als Nachschlagewerk und Anregung zur Lösung der vielen noch ungeklärten Probleme dienen, wenn es auch keinen Anspruch auf Vollständigkeit erhebt.

## Danksagung

Besonders bedanken möchte ich mich bei Herrn Petr Neças, Brno (Tschechien), für die wertvollen Informationen sowie das Überlassen der Bilder und der Zeichnungen, sowie bei Herrn Dr. Michael Meyer, Herne, für die kritische Durchsicht des Manuskripts.
Ferner danke ich allen, die durch Informationen sowie das Überlassen von Bildern u.a. zu diesem Buch beigetragen haben. Im einzelnen seien, alphabetisch aufgelistet, besonders erwähnt: Herr Prof. Dr. Wolfgang Böhme, Museum Alexander Koenig, Bonn; Herr Achim Breuer, Neuß; Herr Uwe Dost, Stuttgart; Herr Matthias Gockel, Selm; Herr Andreas Grund, Lünen; Frau Ingeborg Haikal, Leipzig; Herr Sebastian Heinecke, Wuppertal; Herr Friedrich Wilhelm Henkel, Bergkamen; Herr Dr. Hans-Werner Herrmann, Aquarium am Kölner Zoo; Herr Walter Kunstek, Landgraat (Niederlande); Herr Rüdiger Lippe, Dortmund; Herr Peter Lusch, Köln; Frau Veronika Müller, Soest; Herr Robert Schuhmacher, Witten; Herr Harald Simon, Anröchte; Herr Rainer Stockey, Hagen; Herr Klaus Tamm, Hofheim; Herr Erich Wallikewitz, Brühl, und Herr Rainer Zander, Garbsen.

## Zur Entwicklungsgeschichte und Systematik

Bereits vor etwa 195 Millionen Jahren, im Tertiär, entwickelte sich die heutige Ordnung der Schuppenkriechtiere (Squamata). Aus ihr bildete sich dann im Lauf der Zeit die Familie der Chamaeleonidae heraus, die mit einem vermutlichen Alter von mehr als 60 Millionen Jahren die Erde seit der Kreidezeit bevölkert. Die ältesten fossilen Funde stammen jedoch erst aus der Oberen Kreide. Am bekanntesten ist das ca. 26 Millionen Jahre alte *Chamaeleo carociquarti* aus Westböhmen.

**Ein besonders schönes Männchen des Jemenchamäleons** Foto: W. Schmidt

Systematisch gehören die Chamäleons in die Klasse der Kriechtiere (Reptilia) und dort zur Ordnung der Eigentlichen Schuppenkriechtiere (Squamata). Diese Ordnung wird ihrerseits in mehrere Unterordnungen unterteilt, zu denen die der Echsen (Sauria) mit der Zwischenordnung der Leguanartigen Echsen (Iguania) gehört. Bis hierhin sind sich die Wissenschaftler noch relativ einig, doch dann beginnt das Verwirrspiel.

Historisch gesehen wurden die Chamäleons aufgrund ihrer zahlreichen morphologischen Besonderheiten schon lange von den übrigen Echsen abgetrennt und sogar als eigenständige Zwischenordnung (Rhiptoglossa - zu deutsch: Wurmzüngler) betrachtet.

Der vorerst letzte Versuch, die Stellung der Chamäleons im Tierreich systematisch neu festzulegen, stammt von FROST & ETHERIDGE (1989): Die beiden Forscher lösten die Leguanartigen (Iguanidae) in acht selbständige Familien auf und stuften gleichzeitig die Agamenartigen (Agamidae) zu einer bloßen Unterfamilie der Chamaeleonidae herab. Dieser Versuch einer Neubewertung wurde indes von BÖHME (1990) kritisch kommentiert: zuzustimmen ist (seiner Ansicht nach) diesem Ansatz wohl nur insofern, als einige Leguangruppen (etwa die Anolinae) möglicherweise tatsächlich den altweltlichen

Agamen und Chamäleons näher stehen als den übrigen Leguanartigen. Bevor ein endgültiges Bild der tatsächlichen Verwandtschaftsverhältnisse gezeichnet werden kann, bleibt allerdings wohl noch viel Forschungsarbeit zu leisten; angesichts dieses Sachverhalts glaube ich es daher verantworten zu können, im folgenden eine eher konservative Sichtweise zu vertreten.

Stark umstritten war lange Zeit auch die nachstehend vorgestellte Untergliederung der Familie Chamaeleonidae; Ansätze zu einer neuen Systematik scheinen sich in der Fachwelt erst in jüngster Zeit durchzusetzen. Die ersten Schritte zur Lösung dieses schwierigen Problems verdanken wir BÖHME & KLAVER (1986): Sie nahmen sich der schweren Aufgabe der Erforschung der natürlichen Verwandtschaftsverhältnisse der Chamäleons zueinander an, deren Resultate uns zu einem neuen Verständnis der konkreten Stellung einzelner Spezies verhelfen dürften. Bisher ist es den genannten Autoren gelungen, circa 70 % aller bislang anerkannten Chamäleonarten im Hinblick auf zwei wichtige morphologische Merkmale zu untersuchen. Dabei handelt es sich einerseits um die Struktur der Hemipenes, andererseits um den Aufbau der Lungen. Als Resultat ihrer Forschungen konnten folgende Befunde verzeichnet werden:

Die „traditionelle" Familie Chamaeleonidae wird demnach fortan in die beiden Unterfamilien der Chamaeleoninae (Echte Chamäleons) und der Brookesiinae (Erd- oder Stummelschwanzchamäleons) unterteilt, von denen die erstgenannte ihrerseits aus vier Gattungen besteht: *Bradypodion, Calumma, Chamaeleo* und *Furcifer*. Die Gattung *Chamaeleo* gliedert sich nochmals in die zwei Untergattungen *Chamaeleo* und *Trioceros*. Die Bezeichnung der einzelnen Untergattungen wird in der Fachliteratur häufig (aber keineswegs immer) dem Gattungsnamen in Klammern nachgestellt. Für das Jemenchamäleon würde sich die Schreibweise *Chamaeleo (Chamaeleo) calyptratus* ergeben. Da dies jedoch nicht erforderlich ist und auch eher verwirren würde, belasse ich es bei der herkömmlichen Schreibweise *Chamaeleo calyptratus*.

Nur der Vollständigkeit halber sei noch kurz die zweite Unterfamilie Brookesiinae mit ihren beiden Gattungen *Brookesia* und *Rhampholeon* erwähnt.

Zur genauen Systematik des Jemenchamäleons sei Herr NEÇAS (1995) zitiert, der sich um die wissenschaftliche Erforschung dieser Art ebenso verdient gemacht hat wie um ihre Vermehrung im Terrarium:

„Die Systematik des Jemenchamäleons ist von Anfang an durch viele Fehler gekennzeichnet. Schon bei der Beschreibung haben die Autoren seine Terra typica mit Nordmadagaskar angegeben, ferner wurde es lange für ein Mitglied der Herpetofauna von Ägypten, Äthiopien und Sokotra gehalten. Dieses Chamäleon ist aber ein Endemit des Südwestens der Arabischen Halbinsel, sein Verbreitungsareal reicht von der Asir-Provinz in Saudi-Arabien bis in die Umgebung von Aden im Jemen.

In der Vergangenheit wurden zwei Unterarten beschrieben: die Nominatform *Chamaeleo calyptratus calyptratus* DUMERIL & DUMERIL, 1851 (Jemen) und *Chamaeleo calyptratus calcarifer* PETERS, 1871 (Asir, Saudi-Arabien). Wie jedoch die Untersuchungen der Museumspräparate ergeben haben, wurde die zweite Unterart anhand eines Bastards *Chamaeleo calyptratus* X *Chamaeleo arabicus* beschrieben. Daß sich diese eng verwandten Formen kreuzen können, haben auch Versuche im Terrarium bewiesen (Frau Haikal, Leipzig) - die Hybriden sind den Jemenchamäleons sehr ähnlich, sie sind groß und robust, haben aber einen niedrigen Helm. Sie sind fruchtbar und können sich sogar in weiteren Generationen fortpflanzen.

Aus taxonomischer Sicht existiert also die Unterart *Chamaeleo calyptratus calcarifer* nicht, man muß aber weiter sagen, daß sich die einzelnen Populationen voneinander unterscheiden, und zwar nicht nur die saudiarabische von der jemenitischen, sondern auch die jemenitischen in sich. Ob dies aber ein Grund für eine Aufgliederung in Unterarten sein kann, müssen weitere und genauere Untersuchungen beweisen. Jedenfalls muß man dann für die Subspezies einen anderen Namen als „*calcarifer*“ finden.“

**Überblick über die systematische Einordnung des Jemenchamäleons**

Klasse: ............ Kriechtiere (Reptilia)

Ordnung: ......... Eigentliche Schuppenkriechtiere (Squamata)

Unterordnung: ..... Echsen (Sauria)

Zwischenordnung: .. Leguanartige (Iguania)

Familie: ........... Chamaeleonidae (Chamäleons)

Unterfamilie: ...... Chamaeleoninae (Echte Chamäleons)

Gattung: .......... *Chamaeleo*

Untergattung: ...... *Chamaeleo*

Art: ............... *C. calyptratus*

## Verbreitung und Lebensraum des Jemenchamäleons

Das Verbreitungsgebiet des Jemenchamäleons erstreckt sich über die südlichen Teile der Arabischen Halbinsel, ganz grob etwa von der Asir-Provinz in Saudi-Arabien bis in die Region Aden im Jemen. Es handelt sich dabei um eine Gebirgskette, die etwa in der Nähe von Ta`izz und dem angrenzenden Teil des ehemaligen Südjemen beginnt und sich an der Westküste der Arabischen Halbinsel über Dhamar und Sana´a, die Hauptstadt des Jemen, bis weit nach Saudi-Arabien hineinzieht.

Das Verbreitungsgebiet läßt sich in zwei gänzlich unterschiedliche Biotope unterteilen (MEERMANN & BOOMSMA 1987):

### 1. Die westlichen Berghänge

Im Jemen verläuft direkt am Saum des Roten Meeres eine schmale Küstenebene, die sich nördlich bis nach Saudi-Arabien hinein ausdehnt. Das Klima dort ist sehr heiß, die Tagestemperaturen liegen im Januar etwa bei 30 °C und steigen im Juli

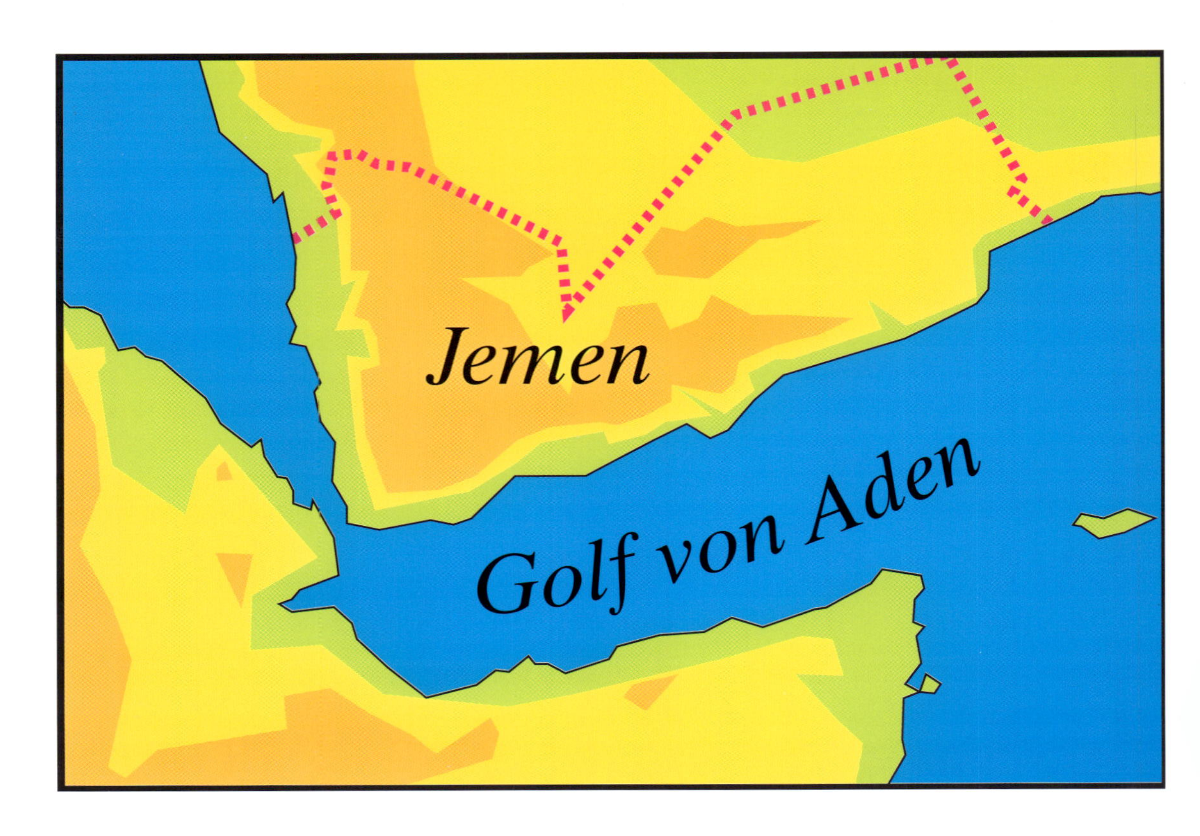

**Lebensraum von *Chamaeleo calyptratus* in den westlichen Berghängen** Foto: W. Henkel

bis auf weit über 40 °C an. Bedingt durch das nahe Gebirge, welches zum Beispiel bei Sana´a eine Höhe von 3658 m über N.N. erreicht, kommt es an den westlichen Berghängen zu starken Steigungsregenfällen. Die einzelnen Habitate des Jemenchamäleons in dieser Region liegen in Höhen zwischen 500 und 2800 m über N.N., also durchweg in diesem Niederschlagsgürtel. Das Klima läßt sich folglich am besten als feuchtwarm bezeichnen; so wurden in der Umgebung von Ibb (unmittelbar nördlich von Ta´izz) beispielsweise schon über 2000 mm Niederschlag in einem Jahr gemessen. Die Vegetation ist dementsprechend üppig, und das Terrain wird fast vollständig landwirtschaftlich genutzt. Dennoch kommen hier vereinzelt Reste des ursprünglichen Galeriewaldes vor, so zum Beispiel bei Wadi Dhabab. Nach NEÇAS (1995) unterliegt das Klima periodischen Schwankungen, mit einer kleinen Regenzeit im Frühjahr, gefolgt von einer kurzen Trockenzeit und einer großen Regenzeit im Sommer. Im Herbst und im Winter herrscht dann die große Trockenperiode. Die monatliche Niederschlagsmenge ist recht unterschiedlich, aber selbst in den trockensten Monaten fallen ca. 50 mm. Die durchschnittliche Jahrestemperatur liegt bei ca. 20 °C mit einer Tag-Nacht-Schwankung von ca. 14 °C, zum Beispiel mit Temperaturen von im Sommer tagsüber 35 °C und nachts 20 °C.

## 2. Die zentralen Hochebenen

Im Gegensatz zum humiden Klima des eben vorgestellten Lebensraums handelt es sich bei den zentralen Hochebenen um dürre, fast baumlose Landschaften, wo vor allem mit Hilfe künstlicher Bewässerung Landwirtschaft, in erster Linie Viehzucht, betrieben wird. Das Wasser der recht spärlichen Niederschläge wird von den zahlreichen Wadis abgeleitet, die zwar die meiste Zeit des Jahres trocken sind, jedoch zu tiefen Einschnitten im Landschaftsbild geführt haben. An einigen Stellen, meist in Wadis in geschützter Lage, hält sich das Wasser auch ganzjährig. Dadurch birgt der Boden der Umgebung genügend Feuchtigkeit, um Pflanzenwachstum zu ermöglichen - zumindest, wenn auch wirklich einmal Regen fällt. Weiterhin charakteristisch für dieses Gebiet sind die starken Temperaturschwankungen. So kann es hier im Winter durchaus zu gelegentlichen starken Nachtfrösten kommen, die vielleicht in den geschützten Wadis etwas abgeschwächt werden. Zum Schutz vor diesen niedrigen Temperaturen ziehen sich die Chamäleons bis auf den Boden und vielleicht sogar in geschützte Felsspalten, Erdlöcher usw. zurück - ein Verhalten, das sie auch im Terrarium nicht ablegen. Sobald die Temperaturen nachts stark abfallen, suchen die Jemenchamäleons instinktiv geschützte Schlafplätze am Boden auf. Den Hauptlebensraum auf der zentralen Hochebene bilden diese Wadis, was vielleicht auch daran liegt, daß sie bis zu den westlichen Berghängen reichen und somit „Verbindungsstraßen" zwischen dem eigentlichen Verbreitungsgebiet und den zentralen Hochebenen bilden. Auch in den Küstenebenen wurde *Chamaeleo calyptratus* schon vereinzelt gefunden.

Insgesamt läßt sich sagen, daß das genaue Verbreitungsgebiet noch sehr unzureichend untersucht ist und die damit verbundene Überprüfung der unterschiedlichen Formen auf ihren Unterartenstatus künftig noch viel Feldforschung erfordern wird.

Wo aber leben die Jemenchamäleons innerhalb dieses Gebietes nun wirklich? Ganz

**Auch in den Hochebenen ist das Jemenchamäleon zu finden.** Foto: W. Henkel

grob läßt sich sagen, daß die Art kein besonderes Habitat bevorzugt. NEÇAS (1995) fand die Tiere auf Akazienästen, auf dem Boden, auf Sukkulenten der Wolfsmilchgewächsfamilie Euphorbinae und selbst in Feldern, genauer gesagt im Mais. Während sich die Tiere am Tag meistens in einer Höhe von 1-3 m über dem Boden aufhielten, schliefen sie in der Nacht auf den Spitzen der höchsten Äste.

MEERMANN & BOOMSMA (1987) konnten während einer Fahrt im Linienbus von Ta´izz nach Sana´a 23 *Chamaeleo calyptratus* hoch oben in den *Zyzipus*- und *Acacia*-Bäumen am Straßenrand entdecken, wo sie sich dank ihrer grellen Färbung gut vom graugrünen Laub abhoben.

Sehr interessante Beobachtungen im Habitat machten auch FRITZ & SCHÜTTE (1987):

„Die Tiere aus Damt wurden sowohl am Wadi als auch einige Kilometer vom Wasser entfernt angetroffen. Die meisten lebten auf Akazien, die nur spärliches oder gar kein Laub trugen. Nach Auskunft der einheimischen Araber lag der letzte Niederschlag mehr als drei Jahre zurück, so daß die Tiere während dieser Zeit ihren Wasserbedarf nur über Tautropfen und über ihre Futtertiere decken konnten. Eine weitere Möglichkeit der Wasseraufnahme ist im Fressen der wenigen grünen Pflanzen zu sehen. Im Terrarium bissen einzelne Tiere nach zwei Tagen Wasserentzug Blatteile (*Philodendron*, mündliche Mitteilung WALLIKEWITZ) ab und verzehrten sie. Die bei Damt gefangenen Chamäleons waren in sehr schlechtem Ernährungszustand, der auf das Fehlen von ausreichender Insektennahrung zurückzuführen ist. Die Tiere dieses Gebietes fingen wir zwischen 12.00 und 15.00 Uhr, zehn weitere zwischen 9.00 und 10.00 Uhr vormittags. Ein Chamäleon konnte um 8.45 Uhr schlafend mit eingerolltem Schwanz in einem Webervogelnest beobachtet werden. Die anderen wurden in Höhen zwischen 20 und 120 cm über dem Boden an den Stämmen der Bäume angetroffen. Da wir dieses Gebiet bereits am späten Nachmittag des vorangegangenen Tages intensiv nach Chamäleons abgesucht hatten, ohne ein einziges Tier zu entdecken, ist anzunehmen, daß manche *Chamaeleo calyptratus* zumindest die kalten Nächte in Gesteinsspalten oder zwischen Pflanzen am Erdboden verbringen. Hierfür spricht auch die Beobachtung, daß einige gerade in Deutschland eingetroffene Tiere bei freier Haltung im Zimmer sich abends zwischen den Heizkörperlamellen und den Vorhangfalten in Bodennähe zurückzogen. Auch nach 13-monatiger Gefangenschaft hat ein Männchen diese Gewohnheit beibehalten und sucht im Terrarium über Nacht, besonders bei starker Abkühlung, eine Plastikschale (Durchmesser 15 cm) am Boden auf."

Frau HAIKAL (mündliche Mitteilung), die sich mehrere Jahre beruflich im Jemen aufgehalten und dort ausgiebig mit dem Jemenchamäleon beschäftigt hat, berichtete von einem einzelnen *Chamaeleo-calyptratus*-Männchen, das sie auf der trockenen Hochebene in einer Gegend fand, wo kein Grashalm mehr stand und nur ein einziger Stock weit und breit aus dem Boden ragte, an dem das besagte Tier saß.

## Der Körperbau des Jemenchamäleons und seine Besonderheiten

*Chamaeleo calyptratus* gehört zu den größten Chamäleonarten. Ein männliches Tier, das JAN MEERMANN 1985 von seiner Jemenreise mitbrachte, maß beim Tod Ende 1993 ganze 62 cm. Die Weibchen bleiben deutlich kleiner und erreichen nur eine maximale Gesamtlänge von 45 cm. Auch die Größe scheint, ähnlich wie andere Merkmale, stark populationsabhängig zu sein. Da die verschiedenen Formen sich alle fruchtbar kreuzen lassen, existiert in unseren Terrarien leider nur noch eine „durchschnittliche Mischung" mit einer maximalen Gesamtlänge der Männchen von kaum über 50 cm.

Wie alle Chamäleons besitzt auch das Jemenchamäleon eine Körperform, die

**Von vorne gesehen sind selbst ausgewachsene Tiere sehr schmal.** Foto: P. Neças

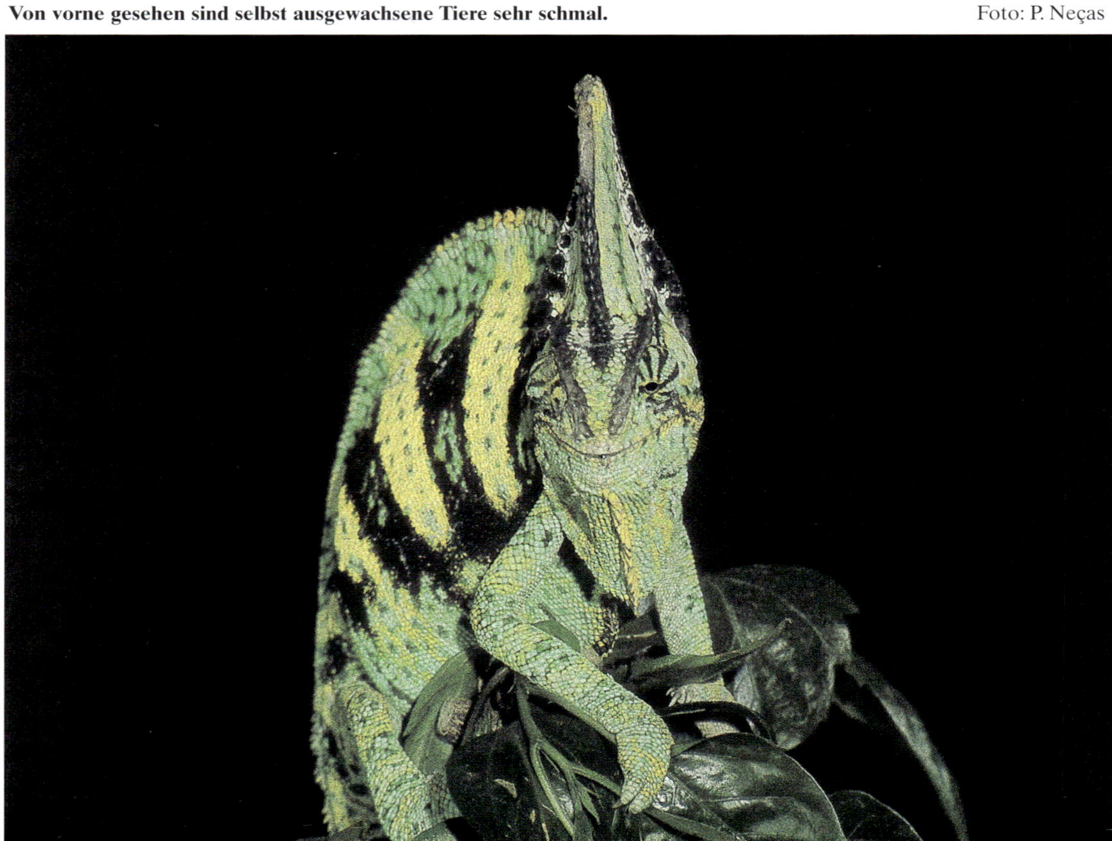

**Ein Männchen präsentiert durch Abflachen des Körpers die dadurch stark vergrößerte Seitenansicht.**
Foto:W. Schmidt

mit ihren spezifischen Merkmalen eine nahezu perfekte Anpassung an die arboreale (baumbewohnende) Lebensweise darstellt. Im Lauf ihrer langen Entwicklungsgeschichte haben alle Chamäleons ihren ursprünglich vermutlich eidechsenähnlichen Körper so umgeformt, daß sie heute als die am besten an das Leben auf Bäumen und Büschen angepaßten Echsen gelten. Der Körper ist bei *Chamaeleo calyptratus* sehr schmal und teilweise recht hoch, so daß er in seinem Aussehen stark an ein Blatt erinnert. Dabei kann sich selbst das größte Tier auf eine Breite von 2 cm zusammenziehen, so daß die Körperform - von der Seite betrachtet - fast rund wirkt. Diese stark vergrößerte Seitenansicht wird auch zum Drohen und Balzen genutzt. Besonders eindrucksvoll ist das Breitseitdrohen der großen Form, bei der die riesigen Männchen dann fast die Größe eines Fußballs erreichen.
Ermöglicht werden diese „Formänderungen" mit Hilfe der Lungensäcke und verschiedener Muskeln, so daß sich die Tiere auf unterschiedliche Weise abflachen oder aufblähen können. Diese stark veränderbare Körperform ermöglicht es den Chamäleons zum Beispiel auch, die Sonnenstrahlen besser auszunutzen.

Das auffälligste Kennzeichen des Jemenchamäleons ist der riesige Helm, der bei großen Männchen eine Höhe von über 80 mm erreichen kann. Auch die Weibchen besitzen einen Helm, jedoch ist dieser deutlich niedriger. Über die genaue Bedeutung des Helms kann nur spekuliert werden. Möglich wäre eine ähnliche Erklärung, wie sie von BÖHME & KLAVER (1981) für montane (bergbewohnende) Arten aus Kamerun gegeben wird: Die beiden Forscher wiesen nach, daß der Helm auch zur Arterkennung dienen kann. Die Weibchen sollen so die passenden Männchen identifizieren können. Eine wahrscheinlichere Erklärung ist jedoch, daß der Helm nur der Auflösung der optischen Konturen im natürlichen Habitat dient und die Chamäleons sich so für ihre Opfer, aber auch für mögliche Beutegreifer unsichtbar machen. Betrachtet man einmal, wie ein großes *Chamaeleo calyptratus* versucht, sich hinter einem dünnen, senkrecht stehenden Stamm zu verbergen, so wird leicht ersichtlich, wie sehr der hochgezogene Helm die Konturen des eigentlichen Kopfes verschleiert.

Das Schuppenkleid des Jemenchamäleons ist unregelmäßig. Der Körper und die Gliedmaßen sind mit kleinen nebeneinanderliegenden Granularschuppen, der

**Männchen** Foto: W. Schmidt

**Weibchen** Foto: P. Neças

**Schuppenkleid des Jemenchamäleons** Foto: P. Neças

Schädelbereich sowie der Helm hingegen mit vergrößerten Plattenschuppen bedeckt. An beiden Seiten befinden sich kleine „Ansätze" von Occipitallappen. Die Helm- und Kopfleisten sind mit großen, warzenförmigen Höckerschuppen versehen. Der Rückenkamm, der sich bis auf den Schwanz fortsetzt, besteht ebenso wie Bauch- und Kehlkamm, die beide nahtlos ineinander übergehen, aus dicht hintereinander stehenden Kegelschuppen.

Da das Jemenchamäleon laufend wächst, die oberste Hautschicht aber verhornt und somit nicht mitwachsen kann, müssen sich die Tiere immer wieder häuten. Man erkennt den Beginn der Häutung leicht daran, daß die Haut trüb wird. Kurz darauf beginnt sie sich an mehreren Stellen zu lösen. Die Echse häutet sich nicht an

**Ein junges Jemenchamäleon bei der Häutung** Foto: W. Schmidt

einem Stück, sondern oftmals in vielen kleinen Fetzen. Der ganze Vorgang sollte nicht länger als zwei Tage dauern und wird von den Tieren aktiv unterstützt, indem sie ihren Körper an Ästen oder Steinen scheuern oder versuchen, mit Hilfe des Mauls oder der Füße die alte Haut abzuziehen. Auch das Auge, oder genauer die Haut um den aus dem Kopf herausragenden Augapfel muß derart erneuert werden. Hierfür drückt das Jemenchamäleon den gesamten Augapfel aus dem Kopf und reibt die Haut ebenfalls an Ästen etc. ab. Ein im ersten Moment erschreckender Anblick.

Ein weiteres unverkennbares Merkmal der Chamäleons sind die zu Greifzangen umgeformten Hände und Füße. Dabei sind jeweils zwei und drei der fünf Finger und Zehen miteinander verwachsen: an den Vorderfüßen befinden sich außen drei und innen zwei Zehen, hinten verhält es sich genau umgekehrt. Mit diesen Greifzangen können sich die Jemenchamäleons problemlos im Geäst bewegen und finden so selbst auf im Wind schaukelnden Ästen sicheren Halt.

Als letztes erwähnt werden muß noch der Schwanz, der von *Chamaeleo calyptratus* als „fünfte Hand“ beim sicheren Veran-

**Der Schwanz unterstützt das Chamäleon beim Klettern.** Foto: U. Dost

kern im Geäst genutzt wird. Er ist für das Chamäleon so wichtig, daß er nicht abwerfbar und regenerierbar ist, wie es beispielsweise bei den Eidechsen der Fall ist (bei denen diese Eigenschaft „Autotomie“ heißt).

**Die zu Greifzangen umgeformten Füße ermöglichen dem Chamäleon einen sicheren Halt im Geäst.** Foto: W. Schmidt

# Färbung als Sprachersatz

## Farbschema bei *Chamaeleo calyptratus* nach NEÇAS

**Skizze: Einteilung der Hautzonen**

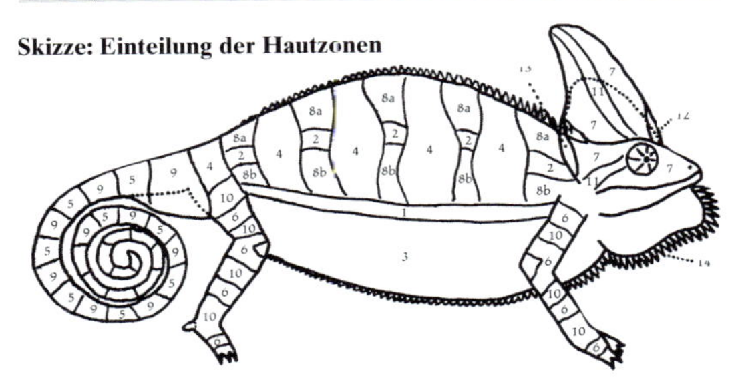

**Tabelle 2: Charakteristische Färbungen und ihre Bedeutungen**
Zahlen 1-14: Hautzonen (**1** = ventraler Lateralstreifen, **2** = dorsaler Lateralstreifen, **3** = Bauch und Kehle, **4** = Querstreifen, **5** = Kontrastfarben des Schwanzes, **6** = Kontrastfarben der Gliedmaßen, **7** = Kontrastfarben des Kopfes, **8a** = dorsaler Teil d. Zwischenstreifens, **8b** = ventraler Teil d. Zwischenstreifens, **9** = Grundfarbe des Schwanzes, **10** = Grundfarbe der Gliedmaßen, **11** = Grundfarbe des Kopfes, **12** = Rand des Parietalkamms, **13** = Hinterrand des Kamms, **14** = Kehl- und Bauchkamm); W, Bl, Bw, Gn, Y, O, Gy: Farben (siehe Tabelle 1); v: oder; +: und; b: hell; d: dunkel; t: türkis; f: Fleck; bf: große Flecken; lf: kleine Flecken; p: Einrahmung; .: farblich getrennt
**Beispiel:** 4 Y+Gn.lf+O.p: Die Querstreifen (4) sind beim ♂ gelb (Y) mit kleinen grünen (Gn) getrennten (.) Flecken (lf) und der Querstreifen ist mit orange (O) scharf abgetrennt (.) umrahmt (p)

**Tabelle 1**

| | W | Bl | Bw | Gn | Y | O | Gy |
|---|---|---|---|---|---|---|---|
| | ♂♀ | ♂♀ | ♂♀ | ♂♀ | ♂♀ | ♂♀ | ♂♀ |
| 1 | ++ | ++ | ++ | – – | – – | + – | – – |
| 2 | ++ | ++ | ++ | – – | – – | + – | – – |
| 3 | – – | ++ | ++ | ++ | + – | ++ | – – |
| 4 | – – | ++ | ++ | – – | + – | + – | + – |
| 5 | – – | ++ | ++ | ++ | + – | – + | – – |
| 6 | – – | ++ | ++ | ++ | – – | + – | – – |
| 7 | – – | ++ | ++ | ++ | + – | + – | – – |
| 8 | – – | ++ | ++ | ++ | – – | – + | – – |
| 9 | – – | ++ | ++ | ++ | – – | – + | – – |
| 10 | – – | ++ | ++ | ++ | – – | – + | – – |
| 11 | – – | ++ | ++ | ++ | – – | – – | – – |
| 12 | ++ | ++ | – + | – + | – – | – – | ++ |
| 13 | ++ | – – | – – | – + | – – | – – | ++ |
| 14 | ++ | ++ | – – | – – | – – | + – | ++ |

**Tabelle 1: Farbverteilung auf den Hautzonen 1-14**
**W**: Weiß, **Bl**: Schwarz, **Bw**: Braun, **Gn**: Grün, **Y**: Gelb, **O**: Orange, **Gy**: Grau
**+** : die Farbe ist auf der Hautzone vorhanden
**–** : die Farbe ist auf der Hautzone nicht vorhanden

**Tabelle 2**

| | | | | | |
|---|---|---|---|---|---|
| ♂ | 1 + 2: WvOvBw<br>12 + 13: Gy | 3 + 8 - 11: Gn+O.f<br>14: W | 4 - 7: BwvO+Gn.lf | Neutralfärbung | ❶ |
| ♂ | 1 + 2: WvOvBl<br>5 - 7: OvY+Gn.lf<br>14: O | 3: Gn.b.t.+O.f<br>8 - 11: Gn.b.t.+Gn.d.lf | 4: Y+Gn.lf+O.p<br>12 + 13: Bl | Erregung, Imponieren, Schlafen | ❷ |
| ♂ | 1 + 2: W<br>5 - 7: Bw+Gn.lf<br>14: BlvW | 3: Gn+Bw.f<br>8 - 11: Gn.d | 4: Gy+Gn.lf+Bw.p<br>12 + 13: Gy | Furcht, Respekt, Niederlage nach einem Duell | ❸<br>❹ |
| ♀ | 1 + 2 + 12 + 14: W | 3 - 11 + 13: Gn.b | | Neutralfärbung | ❺ |
| ♀ | 1 + 2: Bw.d | 3 - 13: Bw.b | 14: W | Neutralfärbung | |
| ♀ | 1 + 2: W<br>8: Gn d+Gn.b.lf<br>14: W | 3 + 6 + 7+<br>9 + 10 + 13: Gn.b | 4: Gn.b+Gn.b+Gn.lf<br>11: Gn.d | Manchmal bei Erregung und Störung | ❻ |
| ♀ | 1 +2 : Bw<br>8-10: BwvO+Gn.bf<br>14: W | 3: Gn+Bw.f<br>11: Gn.d | 4 - 7: Gn.b+Gn.d.lf<br>12 + 13: Gn.b | Graviditätsfärbung in Ruhepause | ❼ |
| ♀ | 1 + 2: Bl<br>8a: O<br>11-14: Bl | 3 - 6: Bl+O.f+Gn.b.lf<br>8b: O+Gn.b | 7: Gn.b<br>9 + 10: Bl+O.b.lf | Graviditätsfärbung bei Erregung | ❽ |
| ♀ | 1: Bw<br>7: Gn.b<br>9 + 10: Bw + O.b.lf | 2: W<br>8a: O<br>11 - 13: Bw | 3 - 6: Bw+O.f+Gn.b.lf<br>8b: O+Gn.b<br>14: W | Postgravide Färbung | ❾<br>❿ |
| ♀ | 1 - 13: BwvBl | 14: GyvBl | | Nicht Paarungsbereit | |

**Färbungsbeispiele zu den in Tabelle 2 genannten „Stimmungen“**

Eine der bekanntesten Eigenschaften der Chamäleons ist der Farbwechsel, zu dem das Jemenchamäleon in ganz besonderem Maß fähig ist. Ermöglicht wird dieser durch die Wanderung des schwarzen Farbstoffs Melanin in den sogenannten Melaninzellen. Durch Verlagerung des Melanins aus „tieferen" Zellbereichen in die Nähe der „Oberfläche" wird eine dunklere Färbung bewirkt, durch den umgekehrten Vorgang eine Aufhellung. Gleichzeitig verursacht dieser Farbstoff durch Überlagerung der eigentlichen Farbzellen originär den Farbwechsel. Die bunte Färbung wird durch verschiedene Pigmentzellen bewirkt, die in den oberen Hautschichten liegen. Zu diesen zählen die Chromatophoren: Sie bilden die oberste Farbzellenschicht und sind im wesentlichen für gelbe und rote Farbtöne verantwortlich. In den Guanophoren hingegen finden sich lediglich farblose Kristalle (das sogenannte Guanin), die durch eine Reflexion des Lichtes für Blautöne sorgen. Dabei handelt es sich um den gleichen Effekt, den man fast täglich am Himmel beobachten kann. Das wichtige Grün und viele andere Farbtöne entstehen dann durch die Mischung der reflektierten Lichtstrahlen.

Das Jemenchamäleon verfügt über eine sehr breite Farbskala. Man findet zahlreiche Farbtöne in allen erdenklichen Schattierungen von weiß über beige, grau, gelb, grün, orange und hellrot bis hin zu schwarz. NEÇAS (1991, 1994) unterteilte die Körperoberfläche der Männchen und Weibchen in mehrere Zonen und ordnete diesen eine bestimmte Färbung in Zusammenhang mit einer Gemütsverfassung zu (siehe Zeichnungen und zugehörige Tabellen). Dabei kommen jedoch nicht alle Farben auf allen Körperteilen vor, und die einzelnen Zonen können auch gleich gefärbt sein, so daß die Grenzen nicht mehr erkennbar sind. Für die exakte Beschreibung dieser Farbmuster wurde von Herrn NEÇAS eine Formel „XAa" erarbeitet, wobei X eine Nummer der Hautfarbzone nach dem Schema, A ein Farbsymbol und a eine Ergänzung darstellt (Genaueres siehe Legenden zu Tabelle 1 und 2).
Aus den Tabellen wird deutlich sichtbar, daß sich die Chamäleons mit ihrer Färbung nicht oder nur begrenzt der Umgebung anpassen. Vielmehr handelt es sich bei dem Farbwechsel um einen physiologischen Vorgang, durch den die Tiere ihre „Stimmung" ausdrücken. „Schwarzärgern" kommt beim Jemenchamäleon übrigens nicht vor (im Gegensatz zu anderen Chamäleonarten). Im Gegenteil: Je mehr es verärgert oder auf Abstand bedacht ist, desto greller und bunter werden das Zeichenmuster und die Färbung.

Die Fähigkeit des Farbwechsels sollte man jedoch nicht überschätzen oder als einzigartig herausstellen, da zahlreiche andere Reptilien ebenfalls dazu befähigt sind, und auch die Geschwindigkeit ist nicht übermäßig, da die Steuerung des Melanins in den Melanophoren mit Hilfe von Energie über das Nervensystem erfolgt. Kranke oder sonstwie geschwächte Tiere, welche die für diese physiologischen Vorgänge benötigte Energie nicht mehr (oder nur ansatzweise) aufbringen können, sind daher meist eingeschränkt in der Lage, den „normalen" Farbwechsel zu vollziehen.

## Das Auge und andere Sinnesorgane

Unbeweglich, geduldig und hervorragend getarnt, wartet das Jemenchamäleon auf seinem Ast als typischer Lauerjäger auf Beute. Nur die Augen suchen unabhängig voneinander ruhelos und ruckartig die Umgebung ab, bis sie ein Futtertier erspähen. Das Tier dreht langsam den Kopf zum Opfer und ergreift es blitzschnell und zielsicher mit der Zunge. Wenn man einmal von der kurzen

**Chamäleons können ihre Augen unabhängig voneinander bewegen.** Foto: W. Schmidt

„Übungszeit“ der Jungtiere absieht, treffen die Chamäleons praktisch immer.
Dieses erstaunlich gute Sehvermögen wurde schon oftmals untersucht, doch fanden erst die Biologen MATTHIAS OTT und FRANK SCHAEFFEL der Augenabteilung der Tübinger Universitätsklinik die Erklärung. Sie stellten fest, daß die Chamäleons etwa viermal schneller als der Mensch die Krümmung und damit die Brechkraft der Linse verändern können, und daß das Chamäleonauge einen für Wirbeltiere einmaligen Aufbau besitzt: So befindet sich hinter der Hornlinse, die den Hauptbeitrag zur Bildentstehung liefert, statt der üblichen Sammel- eine Zerstreuungslinse. Die Entfernungsbestimmung geschieht nicht, wie etwa beim Menschen, über das räumliche Sehen, sondern über die Schärfe der gesehenen Objekte, ähnlich wie bei einem Fotoapparat. Die maximale Sehschärfe wiederum wird durch die Größe des Abbildes auf der Netzhaut bestimmt. Je größer dieses ist, desto eher werden zwei Punkte auf zwei verschiedenen Sehzellen abgebildet und damit getrennt wahrgenommen. Dieses Bild vergrößern

**Faszinierend ist die Effektivität des Chamäleon-Auges.** Foto: W. Schmidt

die Chamäleons auf ihrer Netzhaut ähnlich wie bei einem Galileischen Fernrohr, bei dem eine Sammellinse - beim Chamäleon die extrem gekrümmte Hornhaut - die Lichtstrahlen bündelt, während eine anschließende Zerstreuungslinse diese wieder auffächert. Dies hat zur Folge, daß ein Beuteobjekt auf der Netzhaut eines Chamäleons um etwa 15 % größer abgebildet wird als auf der Netzhaut eines Huhns mit vergleichbarem Augendurchmesser. Über die Scharfeinstellung mißt das Tier nun die Entfernung zum Objekt und übermittelt diese Information an den Muskel der Zunge, die dann zielsicher zur Beute geschleudert wird.

Die übrigen Sinnesorgane seien nur kurz erwähnt. *Chamaeleo calyptratus* kann wie die meisten Echten Chamäleons schlecht hören, da das Gehör im Lauf der Evolution zugunsten des überragenden Gesichtssinnes zurückgebildet wurde. Die Tiere sind zur begrenzten Lautäußerung befähigt. Es handelt sich um Verteidigungslaute, die an Fauchen oder Pfeifen erinnern. NEÇAS (1995) sagt dazu: „Wird ein Jemenchamäleon gereizt, gibt es einen knurrenden Laut von sich, der wenig intensiv, aber bis zu 30 cm Entfernung gut hörbar ist und eine Frequenz von ca. 210 Hertz hat. Dieser Laut, bislang nur durch eine Störung von mir ausgelöst, entsteht wahrscheinlich in dem vorderen Teil des Brustkorbs. Bei Jungtieren handelt es sich um einen Laut, den man als Pfeifen bezeichnen kann.“

Sehr interessant erscheint mir noch eine Beobachtung, die ich leider bisher nur bei wenigen Jemenchamäleons machen konnte. Berührte ich eines dieser Tiere, so bemerkte ich ein hochfrequentes vibrationsartiges Körperzittern, das dem „Brummen“ eines Trafos ähnelte. Es spricht sehr viel dafür, daß es sich um Verteidigungsverhalten gegen kleinste Freßfeinde, wie zum Beispiel Ameisen, handelt. Da dieses Verhalten sonst nur von Bodenbewohnern bekannt ist, scheint es eine Anpassung an das Schlafen in Bodennähe zu sein. Dafür spricht zudem, daß es auch im Schlaf gezeigt wird.

Zum Schluß noch kurz einige Anmerkungen zum Geruchssinn. Die Frage, ob Chamäleons durch die Nase riechen können oder nicht, ist wissenschaftlich bis heute nicht geklärt. Es spricht aber einiges dafür, daß die Echsen diesen nasalen Sinn fast vollständig zugunsten des optischen Sinnes zurückgebildet haben. Allerdings scheint ein zweites Geruchsorgan (das Jacobsonsche Organ, ein mit Riechepithelien ausgekleidetes paariges Gebilde, das am Ende der Nasengänge liegt) noch funktionsfähig zu sein. Die Aufnahme der Geruchsstoffe erfolgt durch Züngeln. Dies geschieht zwar nicht so wie bei Schlangen und Waranen, aber auf ähnliche Weise, indem die Chamäleons mit der Zunge kurz den Ast berühren, auf dem sie gerade sitzen. Dabei werden die Geruchsstoffe an den Speichel gebunden und im Jakobsonschen Organ durch Verdunstung analysiert. Eine weitere wichtige Aufgabe dieses Sinnesorgans scheint die Prüfung darzustellen, ob es sich bei einem gefangenen Objekt um ein freßbares Beutetier handelt oder nicht.

**Die Zunge**

Foto: P. Neças

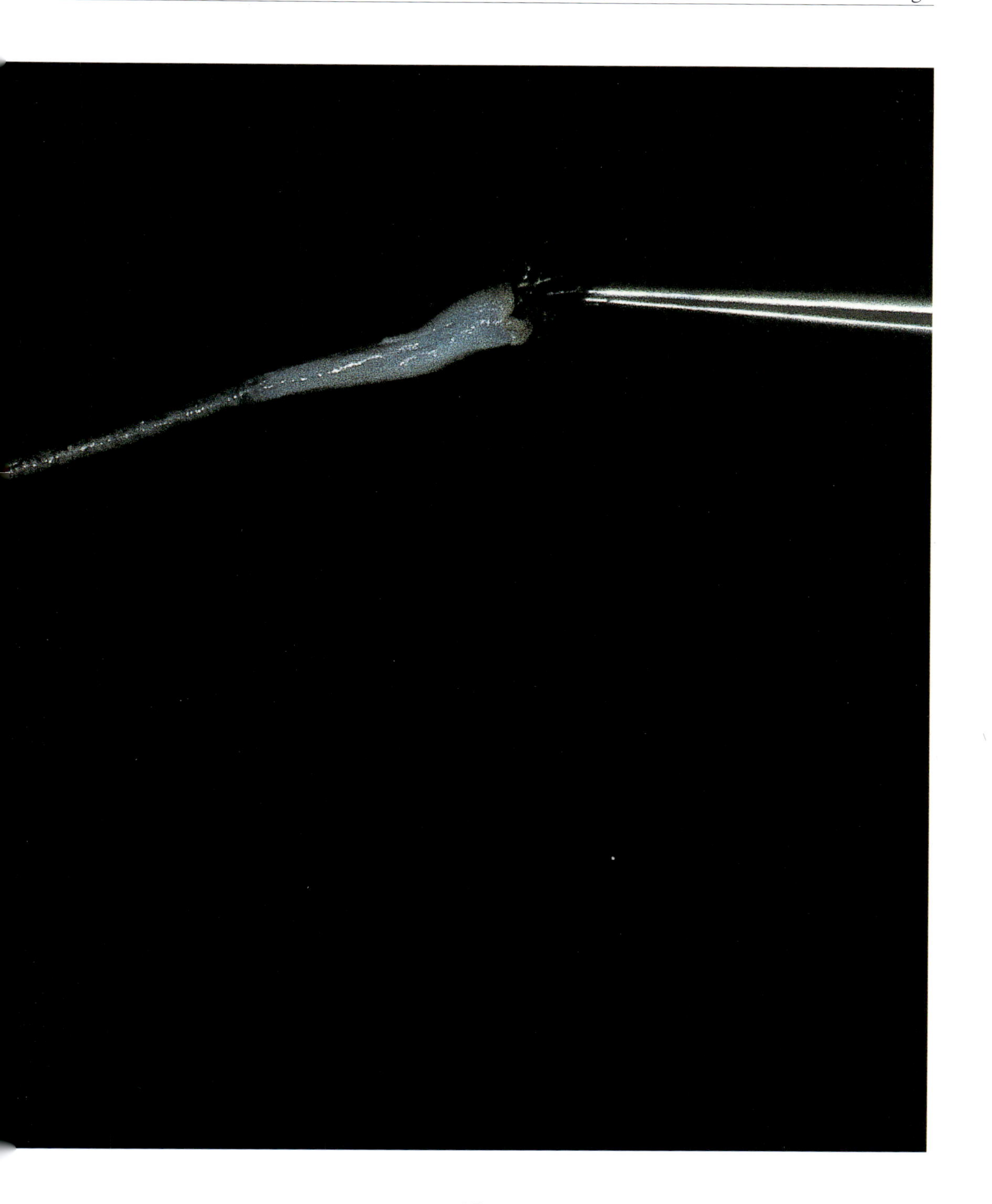

**Nicht immer wird die Nahrung über weite Distanz „geschossen". In diesem Fall geht das Chamäleon auf die Beute zu und „schießt" aus nächster Nähe.**
Fotos: U. Dost

Die Art des Beutefangs der Chamäleons hat nicht nur die Menschen im allgemeinen, sondern gerade auch die Wissenschaftler schon immer sehr interessiert. Diese Besonderheit war lange Zeit Anlaß, die Chamäleons von den eigentlichen Echsen abzuspalten und als eigene Zwischenordnung der Wurmzüngler (Rhiptoglossa) anzusehen.

Heute gehört es schon zum Allgemeinwissen, daß die Chamäleons in der Lage sind, ihre Zunge aus dem Maul herauszuschleudern, ein Beutetier damit zu ergreifen und es anschließend in das Maul zu ziehen.

Dieser Vorgang läuft in Bruchteilen einer Sekunde ab und wird je nach Autor in fünf bis sechs Phasen eingeteilt:

1. Sobald ein Beutetier die Aufmerksamkeit des Chamäleons erregt hat und in dessen Schußweite gelangt, wird es mit beiden Augen fixiert.
2. Anschließend öffnet die Echse ihre Maulspalte so weit, daß man das keulenförmige Ende der Schleuderzunge erkennen kann. Je nach Stimmung des Reptils - die (wie ihr Jagdverhalten insgesamt) in hohem Maß von Faktoren wie Hunger oder Sättigung, Helligkeit, Temperatur und Geschwindigkeit des Beuteobjektes beeinflußt wird - kann diese Phase von sehr unterschiedlicher Dauer sein.
3. Nun wird die Zunge blitzartig aus dem Maul geschleudert, um das Beutetier mit dem leicht keulenförmigen Ende sicher zu umklammern: Die zwei blattförmigen Lappen, die nach einem ähnlichen System arbeiten wie der Rüssel des Elefanten, umgreifen das Opfer, wobei dieses durch die „Klebkraft“ des Sekrets noch zusätzlich fixiert wird. Genauer gesagt scheidet eine winzige Drüse an der Zungenspitze eine (allerdings nicht klebrige) Flüssigkeit aus, die durch einen Adhäsionsmechanismus das Festhalten des Beutetiers unterstützt.

Eine genauere Kenntnis dieses Vorgangs verdanken wir ALTEVOGT & ALTEVOGT, die ihn 1954 exakt analysiert und dabei auch seinen zeitlichen Ablauf gemessen haben. Bei *Chamaeleo chamaeleon* nimmt zum Beispiel die gesamte Phase 3 nur 0,039 bis 0,054 Sekunden in Anspruch!

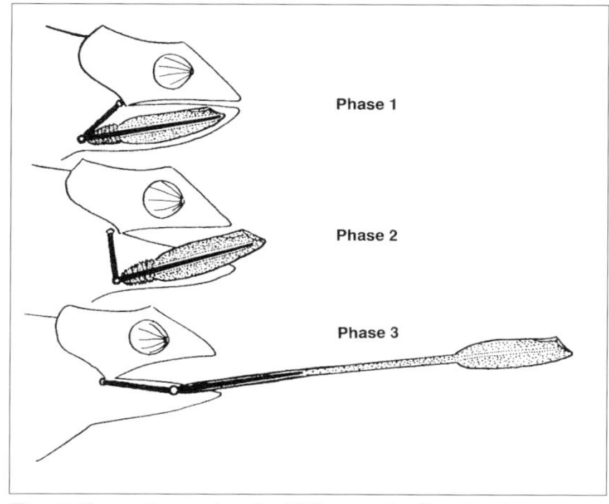


**Darstellung der ersten drei Phasen des Beuteschusses**
Zeichnung: E. Wallikewitz

4. Nachdem die Chamäleons ihre Beute sicher gefaßt haben, wird die Zunge unverzüglich zurück ins Maul gezogen - was etwa vier- bis fünfmal so langsam wie die gesamte Phase 3 abläuft. Wie schnell das Einholen der Zunge jedoch im Einzelfall tatsächlich möglich ist, hängt sehr stark vom Verhalten des jeweiligen Beutetiers ab. Sobald dieses ergriffen wurde, „pendelt“

**Typisch ist die Pendelbewegung beim Einziehen der Zunge.** Foto: U. Dost

der Zungenkolben während des Zurückziehens eine Zeitlang - abhängig vom Gewicht des Beutetieres - nach unten, ehe er, für das menschliche Auge noch immer kaum wahrnehmbar, im Maul verschwindet. Zum Schutz seiner lebenswichtigen Augen - die bei dieser Aktion von wehrhaften Beutetieren durchaus verletzt werden könnten - schließt das Chamäleon die Lider und zieht die Augäpfel weit in den Schädel zurück.

5. Die Beute wird nun mit Hilfe des Jakobsonschen Organs identifiziert bzw. analysiert, anschließend gründlich zwischen den kräftigen Kiefern zermalmt und schließlich geschluckt.
Wer mehr zu diesem Thema lesen möchte, dem sei das Buch „Chamäleons - Drachen unserer Zeit" von SCHMIDT, TAMM & WALLIKEWITZ (Natur und Tier - Verlag, Münster, 1996) empfohlen.

## Aktivität und Verhalten

*Chamaeleo calyptratus* ist, wie die meisten Chamäleonarten, ein rein tagaktiver und gegenüber Artgenossen relativ unverträglicher Einzelgänger. Alle Reptilien, zu denen ja auch die Chamäleons gehören, sind wechselwarme Tiere. Sie sind also im Gegensatz zu Säugetieren oder Vögeln nicht in der Lage, die erforderliche Körpertemperatur eigenständig durch physiologische Prozesse zu erreichen bzw. konstant zu halten. Somit sind sie abhängig von den umgebenden Klimabedingungen. Besonders wichtig sind dabei die Umgebungstemperatur und die Strahlungswärme.

Ihren Tag beginnen die Jemenchamäleons meist mit einem ausgiebigen Sonnenbad. Dieses findet im Terrarium i.d.R. unter einem Spotstrahler statt, wo die Tiere sich bis auf ihre Vorzugstemperatur erwärmen. Dafür platten sich die Echsen seitlich ab, um eine möglichst große Körperfläche der Sonne bzw. dem Strahler auszusetzen. Gleichzeitig färben sie sich mit Hilfe des Melanins dunkel, um möglichst viele Sonnen(=Wärme)strahlen aufnehmen zu können. Mit zunehmender Temperatur hellt sich die Färbung auf, bis die Chamäleons bei Erreichen der Vorzugstemperatur ihre Normalfärbung zeigen und mit dem eigentlichen Tagesgeschäft, wie die Nahrungs- oder Partnersuche usw., beginnen. Steigen die Temperaturen noch weiter an, so ziehen sich die Chamäleons

**Im Freien zeigen die Tiere ihre volle Aktivität.** Foto: W. Schmidt

in den Schatten zurück und hellen ihre Grundfärbung deutlich auf. Reicht dies immer noch nicht, so versuchen sie, sich durch Hecheln mit geöffnetem Maul und die dadurch bewirkte Verdunstung zu kühlen.
Das Jagdverhalten der Chamäleons wird oft als „sit-and-wait"-Strategie bezeichnet. Damit ist gemeint, daß die Tiere auf der Lauer liegen und auf vorbeikommende Beutetiere warten. Dies stimmt aber nur zum Teil. Wer sich die Mühe macht, seine Jemenchamäleons den Tag über zu beobachten, wird feststellen, daß es im Tagesablauf verhältnismäßig aktive Phasen gibt, während der die Tiere durch das Terrarium laufen und nach Futter suchen. Andererseits verbringen die Echsen tatsächlich einen großen Teil des Tages als reine Lauerjäger, indem sie unbeweglich auf einem Ast sitzen und nur mit den Augen ihre Umgebung absuchen.

Das Jemenchamäleon ist von Natur aus ein Einzelgänger. Lediglich für die kurze Paarungszeit sucht es die Nähe eines Geschlechtspartners. Entdeckt es einen Artgenossen, so begrüßt es ihn durch leichte Nickbewegungen. Diese Verhaltensweise soll immer bei dem anderen Tier eine Reaktion provozieren. An dieser erkennen die Chamäleons, um wen es sich bei dem jeweiligen Gegenüber handelt (Artzugehörigkeit, Geschlecht und, sehr wichtig, auch die Stimmung, zum Beispiel Paarungsbereitschaft). Weitere Erkennungsmerkmale sind auch die Körperform und die Färbung.

**Ein drohendes Männchen** Foto: W. Schmidt

Treffen zwei Männchen aufeinander, so erwidert das „angenickte" Tier das Imponieren durch gleiches Verhalten. Anschließend präsentieren die Chamäleons einander ein leuchtendes Farbkleid, vergrößern ihren Körper optisch und führen heftige Nickbewegungen aus. Normalerweise wird nun das kleinere Tier, oftmals aber auch der Eindringling in das fremde Revier, schnell das Weite suchen, ohne daß es zu einem echten Kräftemessen gekommen ist. Treffen sich jedoch zwei nahezu gleich starke Männchen (vor allem in der Paarungszeit, in der sie ihre angestammten Reviere verlassen und nach einem Weibchen suchen), so kommt es zu einer Art Kommentkampf, der nach festen Regeln abläuft und nur selten zu ernsteren Verletzungen führt. Die Männchen stellen sich einander gegenüber auf und präsentieren die leuchtendsten Farben sowie die größtmögliche Körperoberfläche. Während dieser Phase schwanken sie hin und her, führen heftige Nickbewegungen mit dem Kopf aus, spreizen die kleinen Occipitallappen ab und rollen den Schwanz zur weiteren optischen Vergrößerung auf. Wird dadurch noch keine Entscheidung herbeigeführt, drohen sie sich mit geöffnetem Maul, wobei sie die Lippen hochstülpen, ihre Zähne präsentieren und Zischlaute ausstoßen. Wendet sich immer noch keiner der Rivalen ab, kommt es zu ersten leichten Kampfhandlungen, wie dem gegenseitigen Stoßen oder Schlagen mit dem Kopf und insbesondere dem Helm bei geschlossenem Maul. Diese Attacken richten sich fast immer gegen die präsentierte Körperseite. Führt auch das nicht zu einer Entscheidung, so folgt eine Beißerei, bei der sich die Tiere gegenseitig Rippenbrüche und Schlimmeres zufügen können. Das unterlegene Männchen färbt sich meist sehr schnell dunkel und sucht sein Heil in der Flucht.

Ähnlich aggressiv reagieren die Tiere auch auf andere Feinde. So drohte beispielsweise ein großes *Chamaeleo-calyptratus*-Männchen, ein Wildfang, jedem Menschen, der das Zimmer betrat, durch ein leuchtendes Farbkleid sowie Aufrichten und Abflachen des Körpers. Zeigte dies noch keinen Erfolg, schlug das Tier mit dem Helm gegen die Frontscheibe seines Terrariums. Interessanterweise zeigte es dieses Verhalten nicht ganzjährig, sondern nur hin und wieder (ob es sich dabei um die Paarungszeit gehandelt hat, bleibt leider ungeklärt). Aber auch gegenteilige Charaktere sind in unseren Terrarien vertreten, also ängstliche Männchen, die sich lieber zu Boden fallen lassen, als ihren Pfleger oder eine andere Person einmal anzudrohen. Häufig sind solche Tiere auch schlechte Fresser. Über den Grund für dieses schüchterne Verhalten kann man nur spekulieren. Vielleicht liegt es daran, daß einige Terrarianer ihre Nachzuchten zu lange gemeinsam pflegen und sich so dominante und unterlegene Tiere herausbilden, die ihr Verhalten und oftmals auch ihre Demutsfärbung später nicht mehr ändern.

Wer mehr zu diesem interessanten und spannenden Thema erfahren will, dem seien die Bücher von HENKEL & HEINECKE (1993), NEÇAS, (1995) und SCHMIDT, TAMM & WALLIKEWITZ (1996) empfohlen.

## Wie alt wird das Jemenchamäleon?

Bevor man ein Jemenchamäleon erwirbt, sollte man sich als Tierfreund und verantwortungsbewußter Terrarianer die Frage stellen, ob man imstande und/oder gewillt ist, über einen unter Umständen recht langen Zeitraum hinweg alle Maßnahmen zu treffen, die notwendig sind, um dieses Reptil bis an sein Lebensende artgerecht halten zu können.

**Männchen des Jemenchamäleons können über fünf Jahre alt werden.** Foto: W. Schimdt

Neben einem artgemäßen Terrarium erfordert dies unter anderem eine Versorgung mit lebenden Futtertieren, die oftmals bei den übrigen Mitbewohnern nicht so hoch im Kurs stehen wie die Chamäleons. Überdies ist es ratsam, sich von vornherein Klarheit über den für die alltäglich anfallenden Verrichtungen notwendigen Zeitaufwand zu verschaffen und auch das Problem der unter Umständen notwendigen „Urlaubsvertretungen" rechtzeitig zu klären. Daß Reptilien bei sachgerechter Pflege bisweilen sehr alt werden können, dürfte mittlerweile terraristisches Allgemeinwissen sein. Das gilt auch für *Chamaeleo calyptratus*. Verläßliche Jahresangaben sind derzeit noch nicht verfügbar, doch sollte es ein kräftiges Männchen auf mindestens fünf Jahre und ein Weibchen auf über drei Jahre bringen. Wer seine Tiere möglichst lange am Leben halten möchte, sollte die Klimaschwankungen im Jahresverlauf und die Tag-Nacht-Schwankungen des natürlichen Verbreitungsgebiets nach Möglichkeit imitieren. Ein von Jan Meerman im Juli 1985 bereits adult gefangenes Männchen von *Chamaeleo calyptratus* lebte bei Veronika Müller bis Ende 1993, das dazugehörige Weibchen bis Anfang 1992. Normalerweise beträgt die Lebenserwartung eines sich regelmäßig vermehrenden Weibchens im Terrarium allerdings nur etwa „drei bis fünf Gelege", mit anderen Worten gut zwei Jahre.

## Die Anschaffung eines Jemenchamäleons

Einleiten möchte ich diesen Abschnitt mit einigen allgemeinen Bemerkungen zur Chamäleonhaltung von IRENE & GÜNTHER MASURAT (1996), die es bisher als einzige geschafft haben, eine Chamäleonart (*Chamaeleo jacksonii*) bis in die neunte Generation im Terrarium zu pflegen:
„Chamäleonhaltung ist äußerst arbeitsintensiv. Nach unserer Einschätzung kann man den vielfältigen Anforderungen hinsichtlich Unterbringung, Pflege, Futterbeschaffung und Technik, insbesondere bei den Jungtieren, nur zu zweit nachkommen, vor allem über längere Zeiträume. Wichtig erscheint uns, daß sich die persönlichen Eignungen der Pfleger gegenseitig ergänzen.
Chamäleons kann man mit Erfolg nicht neben einer Vielzahl anderer Tiere oder sonstiger Hobbys halten. Schon die Einbeziehung anderer Chamäleonarten kann sich nachteilig auswirken, weil die der

**Regelmäßig werden Nachzuchten des Jemenchamäleons angeboten.** Foto: P. Neças

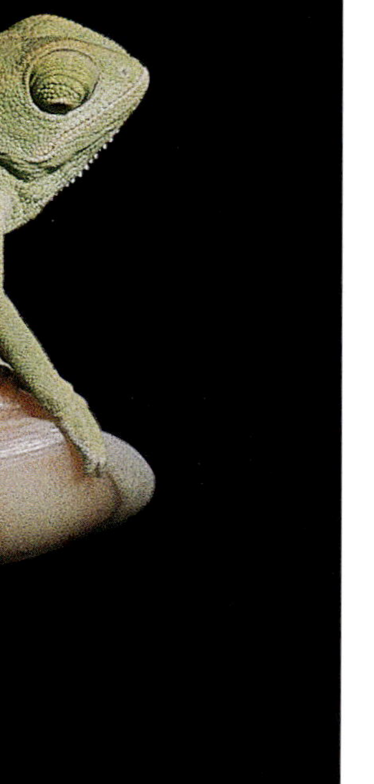

**Dieses Foto zeigt die Schwanzhaltung eines gesunden, schlafenden Tieres.** Foto: W. Schmidt

**Dieses schlafende Tier ist krank. Die Haltung und Form des Schwanzes läßt das schnell erkennen.** Foto: W. Schmidt

Hauptart gewidmete Intensität nachläßt. Irrig ist die Annahme, man könne im Alleingang langfristig zu besonderen Erfolgen gelangen. Zuchterfolge verlangen eine gewisse Größe der Zuchtgruppen. Dies läßt sich beim einzelnen Terrarianer unter den häufig beschränkten räumlichen Bedingungen privater Terraristik meist nicht bewerkstelligen. Wir hatten das Glück, einem Kreis von Gleichgesinnten anzugehören, die sich intensiv mit dieser Art befaßten, zwischen denen ohne kommerzielle Überlegungen Tiere derselben Linie abgegeben, getauscht oder für die Zucht zur Verfügung gestellt wurden, um zum Beispiel Geschwistervermehrungen zu vermeiden."

Die Anschaffung eines Jemenchamäleons stellt heute keinerlei Problem mehr dar, sind doch Nachzuchten in großer Stückzahl im zoologischen Fachhandel und bei erfolgreichen Chamäleonliebhabern erhältlich. Doch wie erkennt man, in welchem Gesundheitszustand sich das Tier befindet? Hierzu lassen sich leider keine Patentrezepte geben, sondern nur Anhaltspunkte. So sollte das Tier tagsüber aktiv sein und nicht schlafen. Rege umher-

laufende Echsen sind müde in der Ecke sitzenden immer vorzuziehen. Zeigen Sie hier kein falsches Mitleid, sonst wird es ihnen später leid tun! Freude bereiten einem nur gesunde und kräftige Tiere. So dürfen beispielsweise die Augen nicht eingefallen in den Augenhöhlen liegen, sondern müssen immer prall herausstehen. Gesunde Tiere zeigen immer leuchtende Farben, und die Haut hängt nicht schrumpelig am Körper. Auch sollten keine Häutungsrückstände vorhanden sein und der Schwanz (er gibt am besten Auskunft über den Ernährungszustand) sollte nicht nur aus Haut und Knochen bestehen.
Aber auch wenn Sie dies alles beachten, gehört noch eine gewisse Portion Glück dazu, ein gesundes und einwandfreies Tier zu erwerben.

Besser ist es daher oft, sich direkt an einen Züchter zu wenden und seine Angaben durch persönliche Inaugenscheinnahme zu überprüfen. Dieser kann Ihnen dann auch gleich alle möglichen Informationen über eine artgerechte Haltung geben und Ihre Fragen beantworten.
Doch wie kommt man an die geeigneten Chamäleonliebhaber? Am leichtesten, indem man in das Anzeigenjournal der REPTILIA (Natur und Tier - Verlag) oder der DGHT (Deutsche Gesellschaft für Herpetologie und Terrarienkunde, Geschäftsstelle: Postfach 1421 in D-53351 Rheinbach) schaut oder dort eine Suchanzeige aufgibt. Ferner existiert im Rahmen der DGHT noch die „Arbeitsgemeinschaft Chamäleons“ (derzeitige (1999) Kontaktadresse: Wolfgang Schmidt, Hepper Weg 21, 59 494 Soest, sonst über DGHT-Geschäftsstelle erfragen), die unregelmäßig einen Rundbrief mit Informationen über diese Tiere verschickt, in dem auch Gesuchsanzeigen Erfolg bringen. Zu den weiteren Aktivitäten der AG gehört ein jährliches Treffen im Museum Alexander Koenig in Bonn, zu dem Besucher immer herzlich eingeladen sind.

**Wichtige Adressen**

„Arbeitsgemeinschaft Chamäleons“ der DGHT

Wolfgang Schmidt,
Hepper Weg 21,
59494 Soest

DGHT (Deutsche Gesellschaft für Herpetologie und Terrarienkunde), Geschäftsstelle

Postfach 1421
D-53351 Rheinbach

## Voraussetzungen für die Nachzucht

Es sollte das Bestreben der Terraristik sein, die Tiere nicht nur artgerecht zu pflegen, sondern sie auch regelmäßig zur Fortpflanzung zu bringen. Dies ist bei *Chamaeleo calyptratus* verhältnismäßig einfach, da er insgesamt als recht anspruchslos gilt. Dies darf man aber nicht falsch verstehen, „anspruchslos" sind die Tiere nur im Vergleich zu anderen Arten der Echten Chamäleons - nicht aber zu anderen, wirklich anspruchslosen Reptilien. Deshalb sind auch bei der Pflege dieser Spezies einige Dinge zu bedenken und zu beachten.

Die wichtigste Voraussetzung für eine erfolgreiche Nachzucht des Jemenchamäleons ist natürlich eine artgerechte Pflege in einem geeigneten Terrarium, wozu auch das annähernde Nachempfinden des natürlichen Klimas, eine ausgewogene Ernährung und ein gesundes, gut harmonierendes Chamäleonpärchen gehören.

Außerdem ist es wichtig zu wissen, wie alt die Tiere überhaupt sind; zum einen kann es sein, daß sie noch gar nicht die Geschlechtsreife erreicht haben, zum anderen, daß sie bereits zu alt sind, um sich noch fortzupflanzen. Wer daher ganz sichergehen will, besorgt sich immer Nachzuchten von einem ihm bekannten Züchter.

**Ein ausgewachsenes Weibchen im Terrarium**

Foto: W. Schmidt

Angaben, wann die Geschlechtsreife in der Natur eintritt, liegen nicht vor. Im Terrarium ist dies in der Regel bereits nach neun Monaten der Fall. NEÇAS (1995) gibt an, daß die Nachzuchten im Extremfall bereits in vier Monaten bis zur Geschlechtsreife gebracht werden können. Die ganze Entwicklung ist natürlich stark von Umweltfaktoren wie Nahrung, Temperatur, Photoperiode usw. abhängig.

Auch beim Jemenchamäleon ist in der Natur die Reproduktionsperiode an die Jahreszeiten gekoppelt. So erfolgt die Paarungszeit dort immer in den Monaten September und Oktober, und einige Wochen später vergräbt das Weibchen sein Gelege. Die Frage, warum diese in der Natur monozyklische Art (eine Spezies, die sich nur einmal im Jahr fortpflanzt) sich im Terrarium polyzyklisch verhält, sich also mehrmals im Jahr paart und auch Eier legt, läßt sich nur spekulativ beantworten. Wahrscheinlich hängt dies mit dem Nahrungsangebot zusammen. Während dieses in der Natur von allen Autoren als äußerst spärlich bezeichnet wird, werden die Tiere im Terrarium übli-

cherweise zu viel und vielleicht auch zu ballaststoffarm gefüttert.
Nun mag mancher Terrarianer sagen: „Ist doch in Ordnung, wenn die Chamäleons bereits in vier Monaten geschlechtsreif sind und Eier legen bis sie vom Ast fallen". Doch so einfach ist es nicht, es sei denn, man betrachtet seine Tiere ausschließlich als „Legehennen" (dies ist zumindest auf den Reptilienfarmen in den USA schon so üblich - Chamäleons als Massenware), nicht als individuelle Terrarientiere, denen man viel Zuwendung und Liebe widmet.
Folgen dieser unnatürlichen Haltung (zu üppige Ernährung, aber nicht zu vergessen auch die Vergesellschaftung zahlreicher Jungtiere über einen zu langen Zeitraum) sind eine deutlich geringere Lebenserwartung und wahrscheinlich auch die oft zu beobachtende hohe Sterblichkeit ungefähr zum Zeitpunkt des Erreichens der Geschlechtsreife.

Für langjährige Vermehrungserfolge ist es ferner von ganz besonderer Wichtigkeit, bei den Nachzuchten eine gewisse Auslese zu betreiben. Das fängt bereits beim Schlupf der Jungtiere an. So sollten alle Jungtiere, die nicht aus eigener Kraft aus dem Ei schlüpfen, darin belassen werden. Sind die kleinen Chamäleons geschlüpft, so muß man alle Tiere mit Mißbildungen und die sogenannten „Kümmerlinge" sofort aussortieren, denn nur mit einwandfreien, kräftigen und gesunden Tieren sollten weitere Nachzuchten erzielt werden (leider wurden verschiedene Formen dieser Art importiert und wahllos miteinander gekreuzt, so daß in unseren Terrarien vermutlich keine reinerbigen Tiere einer bestimmten Population existieren).

**Nur beim Erwerb von Jungtieren kann man sich über das Alter seiner Chamäleons sicher sein.** Foto: W. Schmidt

## Geschlechtsunterschiede

**Fersensporn eines Männchens** Foto: W. Schmidt

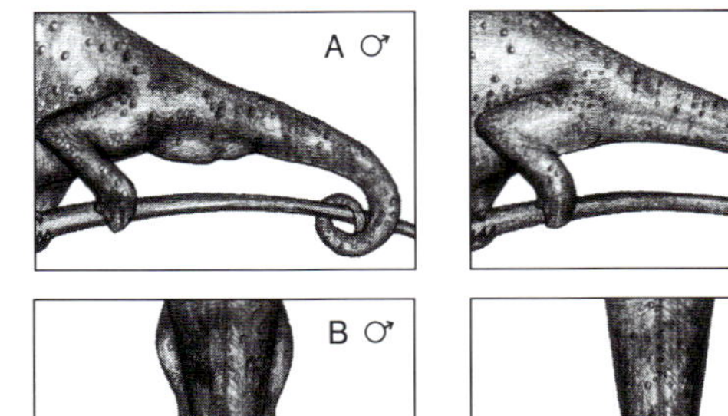


**Auch an der verdickten Schwanzwurzel lassen sich die Männchen erkennen.** Zeichnung: M. Schmidt

Für eine erfolgreiche Nachzucht des Jemenchamäleons ist unabdingbare Voraussetzung, daß man die Geschlechter der Tiere mit Gewißheit bestimmen kann.
Glücklicherweise bereitet dies bei *Chamaeleo calyptratus* keinerlei Probleme. Bereits bei frisch geschlüpften männlichen Jungtieren kann man die Fersensporne an den Hinterfüßen auch mit vergleichsweise ungeübtem Auge deutlich erkennen: Sie sehen aus wie kleine, nach hinten abstehende Höcker, die genau auf der Hacke sitzen. Im Lauf der Entwicklung kommt dann noch die Färbung hinzu, und auch die Körperproportionen entwickeln sich unterschiedlich. Geschlechtsreife Männchen sind meist deutlich größer als die Weibchen und besitzen einen etwa doppelt so hohen Helm und stärker ausgeprägte Kämme. Aber auch die primären Geschlechtsmerkmale sind deutlich erkennbar. Bei den Männchen fällt auf, daß die Schwanzwurzel leicht verdickt ist, was man beim Betrachten von der Seite und von oben gut erkennen kann. Dort befinden sich, in Hauttaschen verborgen, die Hemipenes, von denen jeweils einer zur Paarung durch die Kloakenöffnung herausgeschoben wird. Die Weibchen hingegen weisen einen sich bis zum Ende gleichmäßig verjüngenden Schwanz auf.

## Balz- und Paarungsverhalten

Zum Fortpflanzungsverhalten gehören das Balzritual und die eigentliche Kopulation.
Wie bereits im Kapitel „Aktivität und Verhalten" beschrieben, „begrüßt" ein Chamäleonmännchen einen Artgenossen durch Nickbewegungen; anhand der Erwiderung erkennen die Tiere einander. Weibchen reagieren auf dieses Nicken meistens zuerst einmal gar nicht. Sofort beginnt das Männchen daraufhin mit der Balz. Dafür legt es sein schönstes Farbkleid an und flacht die Seiten weit ab, um dem Weibchen die größtmögliche Breitseite zu präsentieren. Das Männchen nähert sich nun unter schaukelnden und nickenden Bewegungen, wobei es sich abwechselnd aufbläst und die Breitseite präsentiert. Diese Annäherung erfolgt immer auf eine für Echte Chamäleons eher etwas zögerlich anmutende Weise. Ist das Weibchen nicht paarungsbereit, so

**Ist das Weibchen nicht paarungsbereit, zeigt es eine dunkle Färbung und droht dem balzenden Männchen.** Foto: P. Neças

**Ein Männchen nähert sich einem paarungsbereiten Weibchen** Foto: P. Neças

wechselt es seine Grundfärbung in ein dunkles Braun bis Schwarz, führt mit dem Kopf leichte Pendelbewegungen aus und läuft davon. Unerfahrene Männchen versuchen oft, das Weibchen einzuholen, woraufhin dieses sich umdreht und das Männchen verbeißt. Die Männchen des Jemenchamäleons besitzen zumindest eine gewisse Beißhemmung gegenüber den Weibchen, denn werden sie wie in der oben geschilderten Situation bedroht, so wehren sie sich nur defensiv mit gezielten Stößen von Kopf und Helm.

Ist das Weibchen jedoch paarungsbereit, so beachtet es das Männchen auch weiterhin gar nicht und läuft nur langsam seines Weges. Sobald das Männchen das Weibchen eingeholt hat, versucht es dieses durch einige leichte Stöße mit dem Helm in die Seite am Weiterlaufen zu hindern. Anschließend klettert es von hinten auf das Weibchen, woraufhin dieses seinen Schwanz ein wenig in die Höhe hebt. Dann schiebt das Männchen seine Kloa-

**Das Männchen hindert das Weibchen am Weiterlaufen.** Foto: W. Schmidt

kenöffnung unter die des Weibchens. Die Kopulationsdauer beträgt in der Regel etwa zwischen drei und 30 Minuten. Häufig paaren sich die Tiere mehrmals täglich, teilweise auch an bis zu vier Tagen hintereinander. Die Paarungsbereitschaft der Weibchen tritt erstmals kurz nach Erreichen der Geschlechtsreife ein und dauert dann ein bis zwei Wochen an. Später setzt sie - je nach Haltung - zwischen drei und zehn Wochen nach der letzten Eiablage ein.

Insgesamt läßt sich sagen, daß das Balz- und Paarungsverhalten des Jemenchamäleons sehr differenziert ist und es noch viel zu entdecken gibt, insbesondere wenn man die Möglichkeit hat, Beobachtungen in der freien Natur zu machen.

In der Terrarienpraxis setzt man, soweit die Tiere einzeln gepflegt werden, zur Paarung immer das Weibchen in das Terrarium des Männchens. Im umgekehrten Fall würde sich das Männchen erst ein-

**Das Männchen steigt auf das Weibchen.** Foto: P. Neças

**Es kommt zur Paarung.** Foto: P. Neças

mal orientieren müssen, bevor es zur Balz und zur Paarung schreitet, was unter Umständen sehr lange dauern kann. Während der ganzen Zeit dieser Vergesellschaftung sollte man dabei bleiben, um bei womöglich auftretenden Beißereien eingreifen zu können.

Noch ein Punkt muß an dieser Stelle kurz angesprochen werden. Wer seine Echsen möglichst artgerecht pflegen will, wird versuchen, die Anzahl der Gelege pro Jahr zu begrenzen. Dies ist aber leichter gesagt als getan, denn aus noch nicht geklärten Gründen produzieren die Weibchen auch weitere Gelege, ohne sich erneut zu paaren. Die Spermaspeicherung (auch Vorratsbefruchtung oder Amphigonia retardata genannt) sorgt dafür, daß diese weiteren Gelege zumindest zum Teil befruchtet sind. Soweit eigentlich so gut, doch zeigt sich in der Praxis, daß die Weibchen bei Eiablagen ohne vorher stattgefundene Paarung eher zur Legenot neigen (hierunter versteht man, daß ein hochträchtiges Weibchen aus irgendwelchen Gründen nicht in der Lage ist, die Eier abzusetzen) und dadurch möglicherweise sterben. Dies gilt gerade für junge Weibchen, bei denen die Eibildung erstaunlicherweise nicht durch eine Paarung ausgelöst wird.

## Trächtigkeit, Eiablage, Zeitigung und Schlupf

Hat die Paarung zu dem gewünschten Erfolg geführt, zeigen die Weibchen einen enorm gesteigerten Appetit und müssen besonders reichhaltig und möglichst hochwertig ernährt werden. Insbesondere auf eine ausreichende Versorgung mit Vitaminen, Mineralstoffen und bestimmten Aminosäuren ist zu achten. Dafür wird (wie üblich) das gesamte Futter immer gut mit Korvimin ZVT oder einem ähnlichen Präparat eingestäubt, und zusätzlich erhalten die Tiere einmal pro Woche etwa fünf Tropfen Multimulsin N direkt ins Maul getropft.

In der ersten Zeit der Trächtigkeit nehmen die Weibchen schnell an Körperumfang zu. Spätestens eine Woche vor der Eiablage, oft aber früher, reduzieren sie die Nahrungsaufnahme oder stellen sie sogar ganz ein. Dies ist bei gut ernährten Tieren kein Problem, doch kann es bei Weibchen, die durch zahlreiche Eiablagen bereits ausgelaugt oder allgemein in einem schlechten Ernährungszustand sind, zu Schwierigkeiten führen. Sicherheitshalber erhalten diese Chamäleons daher ein hochwertiges und leichtverdauliches Futtertier zwangsgefüttert. Bewährt haben sich insbesondere frischgeborene Mäuse, von denen etwa alle zwei Tage eine gereicht wird, bis die Weibchen wieder von selbst fressen.

Da die sonst relativ ruhigen und robusten Chamäleonweibchen während der Trächtigkeit sehr streßanfällig sind, sollten sie nun einzeln gepflegt werden. Während dieser Zeit ändern die Weibchen ihre Warnfärbung. Wenn sie sich durch ein das gleiche Terrarium bewohnendes Männchen bedroht fühlen, werden sie grellbunt, wodurch das Männchen von weiteren Paarungsversuchen abgehalten werden soll. Die Weibchen neigen nun auch erheblich schneller zu Beißereien usw. (Näheres siehe im Abschnitt „Färbung als Sprachersatz").

Jetzt ist es unerläßlich, für geeignete Eiablageplätze zu sorgen. An diese werden sehr spezielle Ansprüche gestellt. Das Fehlen geeigneter Eiablagestellen im Terrarium kann zu Legenot und damit sogar zum Verlust des Weibchens führen. Ideal ist ein spezielles „Ablageterrarium" mit einer ca. 20 cm hohen, immer leicht feuchten Substratschicht, in der die Weibchen für ihre Nester richtige Höhlen graben können. Das Substrat sollte eine Konsistenz aufweisen, die es den Tieren ermöglicht, leicht darin zu graben, zugleich aber dafür sorgt, daß die Höhle trotzdem stabil bleibt. Geeignet ist Sand, der nicht zu fein- und scharfkörnig sein darf, und dem sorgfältig ein geringer Lehmanteil untergemischt wird.

Eine andere häufig praktizierte Methode, die aber viel Erfahrung erfordert, besteht darin, das Weibchen am Ablagetag - den man bestimmen können muß! - aus dem Terrarium zu nehmen und in einen mindestens 20 Liter großen Eimer zu setzen, der eine ca. 20 cm hohe, leicht feuchte und mäßig warme Substratschicht enthält.

Stimmt der Zeitpunkt, so fangen die Weibchen, wenn sie sich ungestört fühlen, sofort mit dem Graben an und legen anschließend ihre Eier. NEÇAS (1995) gibt sogar als Eiablagebehälter eine 5-Liter-Flasche mit einer 12-15 cm hohen Substratschicht an. Wenn sie die Ablagestelle angenommen haben, vergraben die Weibchen ihre Eier am Ende des Ganges im Bodengrund.

Die Dauer der Trächtigkeit ist abhängig von den Haltungsbedingungen und der Nahrung; sie beträgt im Schnitt 20 bis 30 Tage. Jedoch führen die Weibchen bereits einige Tage vor der eigentlichen Eiablage zahlreiche „Probegrabungen" durch, um den besten Eiablageplatz zu ermitteln. Bei einer freien Pflege im Zimmer, Wintergarten oder Gewächshaus kommt es oft auch vor, daß die Weibchen mit einem relativ kleinen Blumentopf vorlieb nehmen, so daß manche Eiablage sogar unbemerkt bleibt.

Vergleicht man die bevorzugten Eiablageplätze, so stellt man immer wieder fest, daß am liebsten feuchte und warme Stellen gewählt werden. Um den Weibchen das Suchen nach einem geeigneten Ansatzpunkt zum Graben im Substrat zu erleichtern, kann man eine flache Steinplatte oder ähnliches auf die feuchte Erde legen, an deren Kante die Tiere meist zu graben beginnen (dabei muß natürlich gewährleistet sein, daß diese Platte nicht untergraben werden und das Chamäleon zerquetschen kann).

Nach der Eiablage verschließt das Weibchen die ausgehobene Höhle wieder sehr

**Für die Eiablage muß dem Weibchen ein geeigneter Platz zur Verfügung stehen.** Foto: A. Grund

**Das Weibchen hebt eine Höhle für die bevorstehende Eiablage aus.** Foto: P. Neças

**Das Weibchen legt die Eier in die vorbereitete Höhle.** Foto: P. Neças

sorgfältig. Anschließend stampft es den Bodengrund darüber sogar regelrecht fest, so daß man Schwierigkeiten hat zu erkennen, ob die Eiablage bereits erfolgt ist oder nicht. Leichter sieht man dies schon seinem Weibchen an, da es entweder recht eingefallen aussieht oder Erdreste am Körper haften und keine Spuren einer Grabetätigkeit mehr im Terrarium zu erkennen sind (denn Probegrabungen werden nicht wieder sorgfältig zugeschüttet). Wer sein Tier jedoch in einem wunderschön dekorierten Landschaftsbecken pflegt und nicht jedesmal das gesamte Erdreich durchwühlen will, um das Gelege zu finden, der kann mit unterschiedlich farbigem Sand etc. arbeiten: Wenn man die Oberfläche einfach 1 cm hoch mit einem anders gefärbten Sand bedeckt, erkennt man sofort, ob und wo gegraben wurde.

Wie alle weichschaligen Eier, sollten auch

**Nach der Eiablage verschüttet das Weibchen die Höhle und stampft den Boden wieder glatt.** Foto: A. Grund

die des Jemenchamäleons immer sofort aus dem Terrarium entnommen werden, damit sie nicht anderen Terrarienmitbewohnern oder aber Futtertieren wie Grillen, Schaben usw. zum Opfer fallen. Danach können sie unter kontrollierten Bedingungen erbrütet werden.

Bei der Entnahme der Eier sollte man äußerst vorsichtig vorgehen. Am besten wird das Gelege erst freigelegt; anschließend sollten die Eier an der Oberseite mit einem weichen Bleistift gekennzeichnet werden, damit sie bei der Entnahme nicht verdreht werden können. Insgesamt läßt sich sagen, daß die Eier des Jemenchamäleons eher unempfindlich

**Bei der Entnahme des Geleges werden die Eier markiert und in das Brutsubstrat gebettet.** Foto: U. Dost

sind. Sie werden in eine mit einem mäßig bis gut feuchten Substrat hälftig gefüllte, klarsichtige Plastikdose überführt, in der sie etwa zur Hälfte bis zu zwei Dritteln eingegraben werden.
Wie schon erwähnt, sind die Weibchen im Terrarium in der Lage, mehrere Gelege pro Jahr zu produzieren, zwischen denen etwa 90 bis 120 Tage liegen. Dies entspricht also drei bis vier Gelegen pro Jahr, deren Größe zwischen 12 und 85 Eiern schwankt. Jedoch liegt die Eizahl im Durchschnitt bei 30 bis 40. Entsprechend ihrer Anzahl schwanken auch das Gewicht und die Größe der ovalen Eier bei der Ablage. Im Durchschnitt wiegen sie 1-1,5 g und messen 9-11 x 15-17 mm. Kurz vor der Eiablage kann das Gewicht der herangereiften Eier bis zu 50 % des Gesamtgewichts des Weibchens ausmachen.
Die Eier lassen sich am besten in Perlite und Vermiculite zeitigen, doch kommen hierfür auch Sand oder ein Sand-Torf-Gemisch in Frage. Allerdings sollte man beim Kauf des künstlichen Inkubationssubstrats sicherstellen, daß es für die Pflanzenkultur und ähnliche Zwecke gedacht ist. Wenn Vermiculite beispielsweise als Isoliermaterial für Bauzwecke dienen soll, ist es oft mit Imprägniermitteln versetzt, die zersetzend auf die Eischalen einwirken. Ähnlich katastrophale Folgen können oft auch die Zusätze im käuflichen Vogelsand verursachen.
Wie erkennt man die ideale Substratfeuchte? Eine nicht so leicht zu beantwortende Frage. Dem Anfänger seien im folgenden einige Merkmale genannt.
Die optimale Feuchtigkeit erhält man, indem man das Vermiculite zunächst völlig durchfeuchtet und anschließend vorsichtig in einem Handtuch ausdrückt. Grundsätzlich sollte sich im Zeitigungsbehälter niemals vom Substrat nicht aufgenommenes Wasser befinden; auch darf kein Kondenswasser auf die Eier tropfen können. Steht der Behälter in einem stets gleichwarmen Inkubator, bildet sich meist kein Kondenswasser; wohl aber, wenn die Eier bei wechselnden Temperaturen gezeitigt werden. Damit nun das Schwitzwasser nicht vom Deckel auf die Eier tropft, stellt man den Behälter leicht schräg, indem man zum Beispiel ein Streichholz o.ä. unter eine Ecke legt. Dadurch wird das Wasser über den Rand in das Substrat zurückgeleitet.
Wie aber stellt man nun fest, ob das verwendete Zeitigungssubstrat die richtige Feuchtigkeit aufweist? Vergleichsweise einfach läßt sich dies bei Perlite abschätzen: hier sollte es allenfalls im Bodenbereich zu einer minimalen Kondensation kommen. Bei Vermiculite kann man die Substratfeuchte prüfen, indem man eine Probe zwischen den Fingern zerdrückt: Tritt hierbei noch sichtbar Flüssigkeit aus, so sollte man die Substanz peu à peu mit noch trockenem Vermiculite vermischen, bis die Fingerkuppen beim Drücken nur noch leicht befeuchtet werden.
Prinzipiell ist es sinnvoll, sich bei dieser Frage von erfahrenen Terrarianern beraten zu lassen.
Zur Zeitigung eignen sich klarsichtige, dicht schließende Plastikdosen, die jederzeit eine Kontrolle ohne Öffnen des Behälters ermöglichen. Wird Vermiculite als Substrat verwendet, testet man dessen

Feuchtigkeit etwa alle drei Wochen. Das Öffnen des Behälters hierfür sorgt gleichzeitig auch für einen ausreichenden Gasaustausch. Stellt man fest, daß das Substrat keine ausreichende Feuchtigkeit mehr aufweist, so muß es nachgefeuchtet werden. Dafür nimmt man vortemperiertes Wasser, das vorsichtig am Dosenrand in den Zeitigungsbehälter gegeben wird, ohne daß es mit den Eiern in Berührung kommt.

Den Zeitigungsbehälter stellt man nun in einen Inkubator, dessen Bauart nicht von entscheidender Bedeutung ist, da die Eier sogar starke Hitze von oben, wie sie die Jäger-Brutglucken u.a. aufweisen, vertragen. Sehr zu empfehlen ist der Motorbrüter nach BROER & HORN (1985).

Als ideal haben sich konstante Zeitigungs-

**Ein frisch geschlüpftes Jemenchamäleon** Foto: W. Schmidt

temperaturen von 25 bis maximal 30 °C erwiesen. Höhere Temperaturen erbrachten bei der künstlichen Inkubation eher ungünstige Resultate, jedoch können auch mit solchen Werten Erfolge erzielt werden. Frau HAIKAL (mündliche Mitteilung) berichtete, daß sie im Jemen ein Gelege bei geringen Tag-Nacht-Schwankungen und einer Tagestemperatur von immer weit über 30 °C am kühlsten Platz im Haus (auf der Klimaanlage) erfolgreich gezeitigt hat.
Hin und wieder können die Eier auch Pilzbefall aufweisen, den man aber mit einer antimykotischen Salbe oder einem Puder leicht in den Griff bekommen kann. Ein erfahrener Tierarzt kann hier leicht weiterhelfen.
Nach 120 bis 280 Tagen, abhängig u.a. von der Temperatur und der Substratfeuchte, ist es dann soweit: Der Schlupf kündigt sich meist durch „Schwitzen" der Eier an. Dann bilden sich auf der Eioberfläche mitunter zahlreiche kleine Wassertropfen, während sich das Volumen des Eies verringert. Mit Hilfe des Eizahns schlitzen die Jungtiere nun die Hülle auf, meist sternförmig von einem Pol aus, aber gelegentlich auch durch einen halben Längsschnitt. Als erstes schieben sie ihre Schnauze ins Freie und verharren so noch einige Zeit, ehe sie spätestens am nächsten Tag das Ei ganz verlassen. Während dieser Zeit resorbieren sie noch den Dotter und stellen den Körper auf die Lungenatmung um.
Die frischgeschlüpften Jungtiere sind 55-75 mm lang. Kaum aus dem Ei, bewegen sie sich äußerst flink und schreckhaft, so daß sich die Entnahme aus dem Zeitigungsbehälter bisweilen gar nicht so einfach gestaltet.
Interessant ist, daß es beim Jemenchamäleon häufig zu einem „Massenschlüpfen" kommt; alle Jungtiere verlassen dann nahezu gleichzeitig das Ei.

Ein seltenes, aber leider hin und wieder auftretendes Problem für die Schlüpflinge ist es, die richtigen Schnittstellen an der Schale zu finden. So kann es passieren, daß das Baby zwar das Ei sternförmig an einem Pol aufschneidet, die einzelnen Schnitte jedoch so ungünstig liegen, daß die entstandene Öffnung zu klein zum Verlassen des Eies ist. Hier muß man dann etwas nachhelfen und die Öffnung vorsichtig mit einer vorne eher stumpfen Nagelschere etc. erweitern.

Nur kurz ansprechen will ich hier das Phänomen der temperaturabhängigen Geschlechtsausprägung (TAGA). Es ist noch zu erforschen, inwieweit sich bei Chamäleons die Höhe der Temperatur auf die Geschlechtsausprägung auswirken kann. Von zahlreichen anderen Reptilien ist seit einiger Zeit bekannt, daß bei - je nach Art unterschiedlichen - bestimmten Temperaturwerten bzw. -bereichen der Anteil eines Geschlechts bei den Jungtieren überwiegt oder sogar völlig dominiert. Hierzu möchte ich nur kurz eine Beobachtung von ANDREAS GRUND (mündliche Mitteilung) wiedergeben. Bei ihm schlüpften aus Gelegen des Jemenchamäleons wesentlich mehr Weibchen, wenn sie konstant 28,5 °C ausgesetzt waren, als aus solchen, die bei 29-31 °C (mit leichter Nachtabsenkung) inkubiert wurden.

## Die Aufzucht der Jungen und eventuell damit verbundene Probleme

Sind die heiß erwarteten Nachzuchten endlich geschlüpft, so fangen die wirklichen Probleme erst an. Die Nachzuchten messen beim Schlupf in der Regel 55 bis 75 mm und können innerhalb eines Jahres auf eine Gesamtlänge von 35 bis 40 cm heranwachsen.

Hat man sich vorher noch mit dem Gedanken getröstet, daß ja sowieso nicht aus allen Eiern Jungtiere schlüpfen werden, so können jetzt plötzlich 30 bis 40 hungrige Chamäleons zu füttern und vor allem auch unterzubringen sein. Viele Terrarianer behelfen sich damit, die jungen Chamäleons einige Wochen gemeinsam aufzuziehen. Dafür eignen sich größere Terrarien oder Gazebehälter, die relativ dicht bepflanzt sein müssen, damit die Jungtiere auch einige geschützte Verstecke aufsuchen können. Der Vorteil dieser Methode liegt in der enormen Arbeitserleichterung: so muß nur *ein* Behälter frühmorgens kurz überbraust werden, und das Futter für den gesamten Schlupf wird *auf einmal* in das Terrarium gegeben. Die Schwierigkeit liegt darin, daß man rechtzeitig erkennen muß, wann die Tiere - vor allem die Männchen - für eine möglichst optimale Aufzucht einzeln gepflegt werden müssen. Da sich die Probleme (sehr schüchternes Verhalten, Geringwüchsigkeit und mangelnde Paarungsbereit-

Nur während der ersten Wochen ist eine Gemeinschaftshaltung der Jungtiere möglich. Foto: W. Schmidt

**Möglichst bald sollen die Chamäleon-Babys einzeln in Aufzuchtbehältern untergebracht werden.**
Foto: W. Schmidt

schaft) erst später zeigen, neigen viele Züchter aus Bequemlichkeit dazu, die Tiere möglichst lange gemeinsam aufzuziehen. Das Nachsehen haben später die Liebhaber, die das vermeintlich gute Stück dann erwerben, aber auch die Züchter selbst, da das Jemenchamäleon seinen guten Ruf als attraktive Art durch solche Tiere, die kein normales Verhalten und keine schöne Färbung aufweisen, schnell verlieren kann (ebenso wie der Züchter seinen eigenen guten Ruf).

Die Aufzucht sollte daher am besten einzeln in kleinen Terrarien erfolgen, deren Einrichtung den Behältern der erwachsenen Tiere nachempfunden wurde. Für die erste Zeit eignen sich beispielsweise speziell umgebaute klarsichtige Kaffee- oder Lebensmittelvorratsdosen aus Hartplastik, wie sie in größeren Warenhäusern zu erwerben sind. Diese sollten eine Größe von 10 x 10 x 18 cm (LxBxH) aufweisen und dann den Bedürfnissen der Tiere entsprechend umgebaut werden: Der gesamte Deckel wird mit einem heißen Lötkolben ausgeschnitten und anschließend mit einer nicht zu feinmaschigen Gaze (die aber doch feiner als Fliegendraht sein muß) verschlossen. Zusätzlich wird ein etwa 5 x 5 cm großes zweites Lüftungsgitter in eine Seite eingeschweißt. Die Einrichtung dieser Aufzuchtbehälter sollte eher spartanisch gehalten werden. Eine Seitenwand wird mit dünnem Kork beklebt oder dünn mit eingekerbtem „Moltofill für außen" bestrichen, der Boden mit einer dünnen Sandschicht bedeckt und die Einrichtung mit einer kleinen eingetopften Rankpflanze (zum Beispiel *Ficus pumila*) und einigen sehr dünnen Kletterästen vervollständigt. Natürlich eignet sich ein derartiger Behälter nur für die ersten Wochen, denn das Aufzuchtterrarium muß mit der Größe der Tiere wachsen. Es sollte jedoch auch nicht zu groß bemessen sein, da es sonst passieren kann, daß die Jungtiere nicht genügend Futter finden. Die Dosen lassen sich übrigens sehr platzsparend in einem Regal aneinanderreihen, wobei die beklebte Seite immer der nächsten Dose zugewandt sein muß, damit ein Sichtkontakt von Chamäleon zu Chamäleon verhindert wird. Beleuchtet werden diese „Aufzuchtbatterien" dann am einfachsten mit aufgelegten Leuchtstoffröhren.

Versorgt werden die Jungtiere am besten in den späten Morgenstunden. Dabei wird

**Schaben und Heuschrecken sind ein geeignetes Futter für bereits herangewachsene Jemenchamäleons.**
Fotos: W. Schmidt

der kleine Behälter kurz überbraust, und gleichzeitig gibt man gut mit z.B. Korvimin ZVT eingestäubte Futtertiere hinein. Als Erstfutter eignen sich kleine und große flugunfähige *Drosophila,* frischgeschlüpfte Heimchen und Grillen, später dann noch Mehlmotten, Stubenfliegen, frisch geschlüpfte Wanderheuschrecken, kleinste Schaben, Asseln usw. Grundsätzlich bekommen die Nachzuchten immer so viele Futtertiere, wie sie fressen wollen. Jedoch sollte man nach einer gewissen Zeit bereits anfangen, einen Fastentag in der Woche einzulegen, und später nur noch alle zwei bis drei Tage füttern. Das richtige Maß zu finden, erfordert Erfahrung und eine gute Beobachtungsgabe.

Auch die anderen Bedingungen können ähnlich wie jene für die ausgewachsenen Tiere gestaltet sein, nur sollten die Tageshöchsttemperaturen immer etwas niedriger liegen, da die Jungtiere ihren Mechanismus zur Temperaturregulierung noch nicht voll beherrschen und die kleinen Behälter eher zur Überhitzung neigen.

Beim Überbrausen der Aufzuchtbehälter ist unbedingt zu vermeiden, die Chamäleons direkt zu besprühen. Auch müssen immer trockene Äste vorhanden sein, so daß die kleinen Tiere nicht permanent durch die Feuchtigkeit laufen müssen. Die Nässe sollte nach ca. zwei Stunden wieder vollständig verdunstet sein. Wer diese Problematik umgehen will, kann seine Nachzuchten auch nur mit Hilfe einer Pipette tränken.

## Das Terrarium

Wenn der Entschluß gefaßt ist, ein Terrarium zur Pflege von Jemenchamäleons anzuschaffen, so muß man sich als erstes Gedanken über den Aufstellplatz machen. Dieses immer wieder auftauchende Problem sollte nicht vernachlässigt werden, da es ganz entscheidenden Einfluß auf das Terrarienklima hat. Nur in den seltensten Fällen wird man seine Terrarien in einem exakt ausgerichteten Klimaraum aufstellen können.

Der wichtigste Faktor ist die Temperatur. Können die Sonnenstrahlen ein Terrarium mit ihrer ganzen Kraft erreichen, steigen die Temperaturen sehr schnell in einen für Chamäleons nicht mehr erträglichen Bereich. Bei sehr kleinen Behältern, zum Beispiel Aufzuchtterrarien, reichen mitunter wenige Minuten oder selbst eine nur schwache Sonneneinstrahlung, um die Temperatur über die maximal tolerierbaren Werte steigen zu lassen. Der häufig in der Literatur zu findende Hinweis, den Terrarienstandort so zu wählen, daß eine gewisse direkte Sonneneinstrahlung möglich ist, bezieht sich wohl ausschließlich auf Gazeterrarien, in denen es niemals zum Hitzestau kommen kann. Ferner muß man bedenken, daß die Sonnenstrahlen zur Winterzeit mit einem wesentlich schrägeren Winkel einfallen und somit Behälter erreichen können, die im Sommer außerhalb der Einstrahlung sind.

Je größer ein Terrarium ist und je besser es belüftet wird, desto weniger ist die Gefahr der Überhitzung gegeben.

Wichtig ist natürlich auch, daß die Temperaturen nicht zu stark absinken, was beim Jemenchamäleon aber eigentlich nur in einem ungeheizten Gewächshaus oder Wintergarten passieren kann. Hier muß man Vorsorge tragen, indem man eine von einem elektronischen Temperaturfühler gesteuerte Heizung installiert, welche ein zu starkes Absinken der Temperaturen verhindert. In jedem Fall sollten die Temperaturen vor dem Besetzen des Beckens mit Tieren über einen längeren Zeitraum - auch im Winter - gemessen werden.

Geeignet sind die unterschiedlichsten Terrarientypen, vom Gazebehälter bis zum silikongeklebten Glasterrarium. Ihr Bau wurde schon sehr oft in der Literatur beschrieben, so daß ich an dieser Stelle darauf verzichten möchte. Ein Literaturhinweis sei gestattet: In dem Buch „Terrarien - Bau und Einrichtung“ von HENKEL & SCHMIDT (1997) werden alle in diesem Zusammenhang auftretenden Fragen beantwortet.

Entsprechend der enormen Größe des Jemenchamäleons müssen auch die Terrarien gewaltige Dimensionen aufweisen. Bei Einzelpflege gilt für das Männchen eine Mindestgrundfläche von 70 x 50 cm (Länge x Tiefe - oder besser umgekehrt, allerdings ist das Terrarium dann nur schwer zu handhaben) und eine Höhe von 100 cm. Für ein Weibchen sind 50 x 50 x 80 cm (LxTxH) als gerade ausreichend anzusehen. Dabei sind die einzelnen Werte aber nicht starr auszulegen, sondern der jeweils vorhandenen räumlichen Situation anzupassen. Im Fall einer paar- oder gruppenweisen Haltung (also ein Männchen mit einem, zwei bis maximal drei Weibchen) müssen die Behälter ein Vielfaches der Mindestgröße für die einzelnen Tiere aufweisen, damit genügend Rückzugsgebiete vorhanden sind. Wie schon gesagt, sind die Männchen untereinander immer absolut unverträglich, so daß sie folglich nicht einmal kurzfristig gemeinsam gepflegt werden dürfen. Nicht so stark ausgeprägt ist die innerartliche Aggressivität bei den Weibchen, doch halten auch sie einen gewissen Mindestabstand zueinander. Die Möglichkeit hierzu muß ihnen immer gegeben sein.

Der Behälter sollte - wie bei allen Baumbewohnern - möglichst hoch sein, was jedoch häufig zu Problemen mit der benötigten Lichtstärke führt. Daher sollte ein Terrarium, das auf künstliche Beleuchtung angewiesen ist, nicht höher als 150 cm sein.

Für eine ausreichende Lüftung muß immer gesorgt sein. Am einfachsten erreicht man dies durch ein kleineres Lüftungsgitter unterhalb der Frontscheibe oder in einer Seite und einer großen Lüftungsfläche im Deckel. Als Faustregel gilt, daß die Lüftung ideal ist, wenn das Terrarium zwei Stunden nach dem vollständigen Überbrausen vollständig getrocknet ist.

**Wichtig für die Pflege des Jemenchamäleons ist ein Terrarium mit einer guten Belüftung** Zeichnung: M. Hoffmann

## Die Einrichtung

Das Einrichten eines Terrariums beginnt mit dem Verkleiden der Seitenscheiben und der Rückwand. Dies ist besonders bei der Chamäleonhaltung sehr wichtig, da auf diese Weise der Sichtkontakt zum Nachbarbehälter unterbunden wird, denn der dauernde Anblick eines Artgenossen stellt für diese Einzelgänger einen permanenten Streßfaktor dar. Als für diesen Zweck ideal haben sich dünne Korkplatten herausgestellt, da diese auch gegen Feuchtigkeit relativ resistent sind und den Tieren zusätzliche Klettergelegenheiten bieten. Korkplatten gibt es in den unterschiedlichsten Stärken und Qualitäten sowie in zwei Farben. Am gebräuchlichsten ist der überall im Tapetenhandel oder in Baumärkten erhältliche helle Kork, der zum Tapezieren von Wänden benutzt wird. Die in der Regel 30 x 60 cm großen, 2 mm starken Platten werden auf das gewünschte Maß zurechtgeschnitten und mit Silikon eingeklebt.

Wesentlich vielseitiger zu verwenden ist der dunkle, in Stärken von 10-60 mm angebotene Dachdeckerkork, der in allen größeren Dachdeckerbedarf-Handlungen erhältlich ist. Von ihm gibt es zwei verschiedene Qualitäten: zum einen den einfach heißgepreßten, zum anderen den geklebten. Für Terrarien ist nur die erste Sorte geeignet, da der geklebte Kork laufend Lösungsmittel freisetzt.

Anders als beim dünnen Kork kann man bei diesem Material die Oberfläche mit einer Fräse oder ähnlichem derart bear-

**Wichtig ist, daß ein Sichtschutz – in diesem Fall aus Kork – zu anderen Terrarien besteht.** Foto: U. Dost

**Weibchen in einem mit Kork ausgekleideten Terrarium** Foto: W. Schmidt

beiten, daß für die Chamäleons noch verbesserte Klettermöglichkeiten entstehen. Solche Platten ermöglichen zudem eine Bepflanzung und weisen ein fast natürliches Aussehen auf. Da der Kork stark staubt, ist es besser, die Oberfläche bereits vor dem Einbau in das Terrarium im Freien zu gestalten.

Am schönsten, aber auch am teuersten ist der Einbau von plangepreßter, naturbelassener Korkeichenrinde. Sie ist in Platten bis zu einer Größe von 100 x 50 cm im Zoofachhandel erhältlich.

Als weiteres Material eignet sich Moltofill

(für Außenanwendung). Dieser Fertigbeton ist in Baumärkten erhältlich und läßt sich leicht verarbeiten. Dafür legt man das Terrarium, wenn dies möglich ist, auf die betreffende Seite und bestreicht die ganze Wand inklusive eventuell angeklebter Kletterstreifen dünn mit dem Moltofill. Ist das Becken bereits fest aufgestellt und nicht mehr zu bewegen, so rührt man die Spachtelmasse etwas dicker an und trägt sie dann vorsichtig auf die Wand auf. Damit das Terrarium nun keinen häßlichen grauen Betonfarbton aufweist, färbt man die Masse zum Beispiel mit Eisenoxid ein, das bei richtiger Dosierung den Ton eines natürlichen roten Sandsteins erzeugt. Auch andere zementfeste Farben lassen sich nach Wunsch einsetzen. Wem das immer noch zu trist ist, der kann die Oberfläche auch mit Sand oder anderen Materialien bestreuen, um so eine rauhere Struktur zu erhalten.

Als nächstes wird der Bodengrund in das Terrarium eingebracht. Wie bei allen Wüsten- und Trockenterrarien kann man natürlich auf eine Drainageschicht etc. verzichten. Als Bodengrund verwendet man Sand oder Lehm. Alle Gewächse werden in Pflanzschalen in den Behälter gestellt, damit man beim Gießen nicht immer den gesamten Bodengrund durchfeuchtet. Optisch am schönsten wirkt natürlich roter Sand, den man in Deutschland zum Beispiel im Vorland der Eifel (unweit von Sinzig) findet oder im Zoofachhandel erwirbt.

Als Einrichtungsgegenstände kommen mindestens fingerdicke Kletteräste und alte verwachsene Wurzeln in das Terrarium. Die Äste sollten sorgfältig ausgewählt werden; sie dürfen weder morsch sein noch eine zu glatte Oberfläche besitzen. Da Jemenchamäleons gerne an dickeren Stämmen klettern, kann man auch sehr dicke Äste oder dünnere Baumstämme senkrecht in das Terrarium einbringen. Als Alternative bieten sich große Korkröhren an, die im Handel mit einem Durchmesser von teilweise über 20 cm angeboten werden.

Alle aus der Natur entnommenen Äste, Stämme, Wurzeln etc. müssen vor dem Einbringen in das Terrarium gründlich gereinigt und getrocknet werden, um ein Einschleppen von Schnecken, Asseln, Tausendfüßlern, Drahtwürmern usw. zu verhindern.

Da die Jemenchamäleons häufig auch aus einer Schale trinken, sollte diese niemals fehlen und stets mit frischem Naß gefüllt sein. Ideal ist es, wenn die Wasserschale etwas höher im Terrarium angebracht ist, zum Beispiel in einer Astgabel oder auf einem höheren Felsvorsprung.

Für *Chamaeleo calyptratus* spielt die Terrarienbepflanzung als Lebensraum nur eine eher untergeordnete Rolle. Sie dient folglich mehr dem optischen Eindruck. Jedoch kann sie auch wichtige Funktionen wahrnehmen, zum Beispiel wenn man mehrere Tiere in einem Behälter pflegt. So läßt sich der Terrarieninnenraum durch eine geschickt gewählte Bepflanzung in mehrere „Reviere“ aufteilen, und gleichzeitig bietet die Vegetation auch eine Form der natürlichen Deckung und einen Sichtschutz gegen die Artgenossen. Größere, dichte Pflanzen können selbst im Terrarium ein besonderes Kleinklima schaffen, das dem Wohlbefinden der Pfleglinge häufig sehr zuträglich ist.

## Terrarientechnik, Heizung und Beleuchtung

Technische Hilfsmittel sind aus der modernen Terraristik nicht mehr wegzudenken. Das Wichtigste ist neben Beleuchtung und Heizung die Zeitschaltuhr, mit der nahezu alle sich täglich wiederholenden Arbeiten automatisiert werden können. Mit ihr lassen sich die Beleuchtung und die Strahler sowie die Heizung ein- und ausschalten. Ohne sie wäre die Steuerung eines einzigen Terrariums bereits eine tagesfüllende Aufgabe und die einer Terrarienanlage wohl kaum noch zu bewältigen. Auch sollte man immer bedenken, daß man dank ihrer Hilfe getrost mal mehrere Tage wegfahren kann, ohne daß täglich jemand die Beleuchtung ein- und ausschalten muß. Letztendlich ist die Gleichmäßigkeit auch dem Wohlergehen der Jemenchamäleons sehr zuträglich.

Da es sich bei Chamäleons um wechselwarme Tiere handelt, die von ihrer Umgebungstemperatur und von der Strahlungswärme abhängig sind, kommt der Heizung eine besondere Bedeutung zu. So benötigen die Echsen zu ihrem Wohlbefinden immer einen spezifischen Temperaturbereich, damit die wichtigsten Körperfunktionen normal ablaufen können und das sehr abwechslungsreiche Verhalten gezeigt wird.

Dabei unterscheidet man zwei Tempera-

**Besonders wichtig für das Wohlbefinden der Tiere ist eine ausreichende Beleuchtung.** Foto: W. Schmidt

turbereiche: Die Aktivitätstemperatur, also der Bereich, in dem das Chamäleon grundsätzlich „aktiv" ist, liegt in der Regel zwischen 18 und 35 °C. Die Vorzugstemperatur dagegen liegt in der Regel höher und wird als die Körperwärme des Tieres angegeben, auf die es sich für eine gewisse Zeit aufwärmt (leider fehlen bis heute Angaben für das Jemenchamäleon). Daraus wird schon ersichtlich, daß man zum einen das Terrarium auf eine gewisse Grundtemperatur erwärmen und zum anderen den Tieren eine Möglichkeit bieten muß, sich lokal auf ihre Vorzugstemperatur aufzuheizen (möglichst in Form eines Strahlers, weil Strahlungswärme den natürlichen Gegebenheiten (Sonne) am ehesten entspricht). Steigt die Umgebungstemperatur längerfristig über die Vorzugstemperatur, so sterben die Echsen den Hitzetod.
Um den Chamäleons eine richtige Thermoregulation zu ermöglichen, sollte im Terrarium immer ein Temperaturgefälle zwischen einem höher als die Vorzugstemperatur liegenden und einem weit darunter befindlichen Niveau vorhanden sein. Es gibt keinen individuellen Spielraum, sondern nur physiologische Zwänge! Ferner benötigen die Tiere zum Wohlbefinden auch eine enorme Tag-Nacht-Schwankung und einen gewissen Jahresrhythmus, der sich mit Hilfe der Zeitschaltuhr leicht imitieren läßt.
Am natürlichsten ließe sich ein Terrarium - wie schon mehrfach erwähnt - durch Strahlungswärme beheizen, doch läßt sich dies in der Praxis nur schwer realisieren. Am einfachsten beheizt man es daher von unten mittels Heizmatte, Heizplatte oder anderer speziell für Terrarien entwickelter Heizgeräte, die nur eine milde, aber ausreichende Wärme abgeben. Der Fachhandel hält eine riesige Palette von geeigneten Produkten bereit. Wichtig ist, daß derartige Vorrichtungen immer nach unten isoliert werden, um einen Wärmeverlust zu verhindern.
Ein sehr großes Problem stellt das Beheizen von Großterrarien dar, da meist mehrere Kubikmeter Luft erwärmt werden müssen. Mittels Bodenheizung ist das nicht ohne weiteres zu erreichen, da der Boden in diesem Fall auf etwa 80 °C erwärmt werden müßte. Dieses Problem löst man am besten durch eine Fußbodenheizung, die zusätzlich noch in die Wand verlegt wird, so daß nun Boden und Wand angemessene Temperaturen aufweisen und gleichzeitig das Terrarium auf die gewünschte Lufttemperatur erwärmt wird. Für Großterrarien empfiehlt sich aus Energiespargründen immer nur der Einsatz einer normalen Fußbodenheizung (Warmwasser-System), welche an die normale Wohnungs- oder Hausheizungsanlage angeschlossen wird, denn die Verwendung von Strom dürfte unbezahlbar sein.
Nicht vergessen darf man jedoch, daß es sich bei den Jemenchamäleons um rein tagaktive heliophile, also sonnenliebende Echsen handelt, so daß die Terrarien immer zumindest eine lokale Strahlungsquelle, unter der die Tiere sich „sonnen" können, aufweisen müssen.
Vor dem Besetzen eines Terrariums sollte man immer an verschiedenen Stellen mit Hilfe eines Maximum-Minimum-Thermometers die Temperaturen messen. Wenn

dann die Werte nicht im gewünschten Bereich liegen, lassen sich noch leicht die notwendigen Korrekturen durchführen. Neben der Wärme wird auch üblicherweise noch die relative Luftfeuchtigkeit samt ihren Schwankungen mit Hilfe eines Haarhygrometers gemessen und das Terrarium gegebenenfalls auf die erforderlichen Werte eingestellt. Weitere Ausführungen und Anregungen finden sich bei HENKEL & SCHMIDT (1997).

Für eine möglichst natürliche Haltung des Jemenchamäleons sollte das Terrarium im Sommer eine Temperatur von ca. 26-28 °C am Tag und 16-20 °C nachts aufweisen. Zusätzlich muß den Tieren fast den ganzen Tag über die Möglichkeit geboten werden, sich unter einem Strahler bis auf ihre Vorzugstemperatur zu erwärmen. Im Winter sollten die Temperaturen dann deutlich niedriger liegen. Sie werden langsam auf Tageswerte von 18-20 °C und Nachttemperaturen von 12-14 °C abgesenkt. Auch schaltet man die Strahler nur noch für etwa vier Stunden am Tag ein. Diese kühle Haltung sollte nur über einen Zeitraum von bis zu zwei Monaten durchgeführt werden, und anschließend läßt man die Werte langsam wieder ansteigen.

**„Freiluftterrarien“** Foto: W. Schmidt

Neben der Temperatur spielt für die Chamäleons, wie schon angedeutet, die Beleuchtung eine wichtige Rolle. So orientieren sie sich hauptsächlich an den Lichtverhältnissen, um jahreszeitliche Ruhe- und Aktivitätsphasen sowie den Tag-Nacht-Rhythmus zu erkennen. Wichtig ist auch, daß der Jahrestemperaturzyklus in Übereinstimmung mit der Beleuchtungsdauer geschaltet wird, da für zahlreiche wichtige Funktionen, etwa die Fortpflanzung, bis heute nicht geklärt ist, ob die Temperatur, die Photoperiode oder eine Kombination aus beiden als Auslöser verantwortlich ist.

Beim Jemenchamäleon handelt es sich um ausgesprochene Sonnenanbeter. Deutlich kann man dies beobachten, wenn man seine Tiere zu einem „Sommerurlaub“ in ein Freilandterrarium oder eine Voliere auf dem Balkon entläßt. Erst hier zeigen sie ihr schönstes Farbkleid und ihre volle Aktivität. Es scheint sicher, daß der Stoffwechsel durch größere Lichtintensität positiv angeregt wird. Ein weiterer Grund mag in der natürlichen UV-Strahlung liegen.

Um den Tieren eine möglichst angemessene Lichtstärke zu bieten, aber auch aus Energiespargründen, sollten als Terrarienbeleuchtung nur hochwertige Strahler und Leuchtstoffröhren eingesetzt werden. Fer-

ner müssen alle Beleuchtungskörper und Leuchtstoffröhren mit Reflektoren ausgestattet sein, da sich so die Lichtmenge nochmals um bis zu 40 % steigern läßt.
Besonders geeignete Leuchtstoffröhren sind die Modelle aus der Serie „lumilux" von Osram und „TL" von Philipps. Da in der letzten Zeit vermehrt neue Röhrenarten mit sehr sonnenlichtähnlichen Farbspektren und guter Lichtausbeute auf den Markt gekommen sind, sollte man sich vor jedem Kauf über die aktuellen Möglichkeiten informieren.
Für größere Terrarien eignen sich am besten Metalldampfentladungslampen, wie zum Beispiel die Quecksilberdampf- (HQL) und die sehr teuren Joddampfentladungslampen (HQI). Sie können nur mit Vorschaltgeräten betrieben werden, sind jedoch in der Regel im Zoofachhandel als komplette Strahler mit Reflektor erhältlich. Sie haben den Vorteil, daß sie nicht nur sehr viel Licht, sondern auch wie die Sonne eine gewisse Strahlungswärme abgeben, welche die Jemenchamäleons gerne annehmen.
Es ist besonders wichtig bei der Pflege von *Chamaeleo calyptratus*, immer einen ausreichenden Mindestabstand zwischen dem möglichen Aufenthaltsort der Tiere und der Lampe sicherzustellen. Aus unerklärlichen Gründen neigen diese Chamäleons dazu, sich leicht an einer heißen Lampe zu verbrennen! Daher dürfen Strahler - gleich welcher Art - niemals im Terrarium installiert werden.
Die Beleuchtungsdauer sollte mit dem Jahresrhythmus schwanken und täglich etwa 14 Stunden im Sommer und elf Stunden im Winter betragen. Steht das Terrarium in einem vielbenutzten Zimmer, so gewöhnen sich die Tiere schnell an das Leben außerhalb des Beckens und lassen sich nicht davon stören, so daß man sie unbeeinträchtigt beobachten kann.
In diesem Zusammenhang muß noch kurz auf die Frage „Benötigen Reptilien unbedingt UV-Licht?" eingegangen werden. Für das Jemenchamäleon läßt sich uneingeschränkt mit „nein" antworten. Zahlreiche Terrarianer züchten ihre Tiere seit mehreren Generationen ohne Probleme, obwohl sie die Echsen nie einer UV-Bestrahlung aussetzen. Allerdings setzt dies immer eine ausreichende Versorgung mit Vitamin $D_3$ voraus.
Ganz unbestritten ist in diesem Zusammenhang jedoch die vitalitätsfördernde Eigenschaft des UV-Lichtes, die sich besonders bei der Aufzucht bemerkbar macht. Es empfiehlt sich deshalb, seinen Tieren eine gewisse UV-Beleuchtung zukommen zu lassen. Dafür eignen sich am besten die „Ultra Vita Lux"-Lampen von Osram, mit denen die Tiere aus mindestens einem Meter Entfernung täglich fünfzehn Minuten bestrahlt werden können.
Ein oftmals unterschätzter oder besser nicht beachteter Gesichtspunkt der UV-Strahlung ist ihre desinfizierende Wirkung. Chamäleons stammen aus Habitaten, in denen sie mit relativ wenig Mikroorgansimen konfrontiert werden (die luftigen Regionen auf Bäumen und Büschen). Dagegen sind sie in unseren Terrarien einem regelrechten „Bombardement" von Mikroorganismen ausgesetzt. Viele Arten reagieren darauf sehr empfindlich, so daß auch aus diesem Grund eine UV-Bestrahlung von Vorteil ist.

## Freie Haltung im Zimmer, Gewächshaus oder Wintergarten sowie zeitweise Pflege im Garten

**Besonders reizvoll ist die Chamäleonhaltung im Blumenfenster** Foto: U. Dost

Wie kaum eine andere Chamäleonart eignet sich *Chamaeleo calyptratus* für eine freie Pflege auf einer großen, nicht gerade nach Norden ausgerichteten Fensterbank oder im Wintergarten bzw. Gewächshaus. Seine Robustheit und relative Unempfindlichkeit gegen hohe und niedrige Temperaturen prädestinieren ihn geradezu dafür.

Einige Punkte müssen dabei jedoch beachtet werden. So sollten dickere, am besten frei hängende Lauf- und Kletteräste angebracht sein, die ein Herabsteigen auf den Boden nicht gerade begünstigen. Am einfachsten dübelt man zahlreiche Haken in die Decke, an denen dann die einzelnen Äste aufgehängt werden. Sehr wichtig ist wieder ein Spotstrahler, unter dem sich die Jemenchamäleons bis auf ihre Vorzugstemperatur erwärmen können. Ebenso muß auch hier immer ein gewisser Mindestabstand zwischen dem möglichen Aufenthaltsort der Tiere und der Lampe eingehalten werden.

Ferner sollte man seine Tiere daran gewöhnen, aus der Pipette zu trinken und das Futter aus einer immer am gleichen Ort aufgehängten Futterdose zu schießen. Man kann natürlich auch, wenn man genügend Zeit hat, die Chamäleons von Hand mit Hilfe einer Pinzette füttern. Das ist allerdings sehr zeitraubend und in der Regel nur für Rentner oder Hausmänner bzw. -frauen machbar. Wer nicht genügend Zeit hat, die Tiere regelmäßig mit der

Pipette zu tränken, kann sich mit einer gut erreichbaren Trinkschale behelfen - allerdings muß man in der ersten Zeit genau beobachten, ob die Echsen wirklich daraus trinken, oder ob sie den Wassernapf ablehnen. Alternativ kann auch ein Zimmerspringbrunnen Verwendung finden. Bewegtes Wasser wird von den Chamäleons nahezu immer erkannt und angenommen. Damit die Quellsteine nicht zu schnell verschmutzen, sollte man unbedingt darauf achten, daß kein Ast über den Springbrunnen reicht, von dem aus die Tiere ihr „Geschäft“ verrichten könnten.

Auch sollte die Bepflanzung der Fensterbank recht robust gewählt sein, da die Jemenchamäleons kräftig zugreifen können, was auch gelegentlich ein Blättchen oder eine Blüte „kosten“ kann.

Bei der freien Haltung ist es unerläßlich sich anzugewöhnen, das Zimmer vorsichtig zu betreten und zunächst auf den Boden zu sehen. Viele Chamäleons scheuen sich nicht, auf dem Fußboden umherzulaufen. Allzu leicht tritt man auf ein Tier oder quetscht es mit der Tür, wenn diese sich nach innen öffnen läßt. Ein Spiegel am Boden neben der Tür erlaubt eine Kontrolle, wenn diese erst handbreit geöffnet ist.

Aus den oben genannten Gründen eignet sich *Chamaeleo calyptratus* auch in besonderem Maß für die Pflege im Gewächshaus oder im Wintergarten, denn alle Glashäuser heizen sich in der Sonne besonders stark auf und kühlen nachts wieder stark ab, was fast den Verhältnissen in weiten Teilen des natürlichen Verbreitungsgebietes entspricht. Allerdings muß man für die dort gepflegten Chamäleons besondere Mikroklimate schaffen, zum Beispiel kühle Ecken, damit sich die Tiere im Hochsommer bei zu großer Hitze dorthin zurückziehen können. Ideal ist auch ein für die Echsen unerreichbarer, sich relativ langsam drehender Deckenventilator. Andererseits muß für die Nächte, besonders in den Übergangsjahreszeiten und natürlich auch im Winter, für eine Beheizung gesorgt werden. Unbeheizte Wintergärten bzw. Gewächshäuser scheiden für die ganzjährige Haltung aus. Wer ganz sicher gehen will, daß die Temperaturen nicht unter ein gewisses Minimum sinken, der baut sogenannte Frostwächter ein. Dies sind kleine Elektroheizungen, die bei Unterschreiten einer eingestellten Temperatur (die für das Jemenchamäleon bei etwa 10 °C liegen sollte) anspringen und so ein weiteres Absinken verhindern.

Natürlich kann man auch bei dieser Unterbringungsart keine größere Gruppe miteinander vergesellschaften, sondern - je nach Größe, aber insbesondere auch nach geschickter Einrichtung - ein Männchen mit wenigen Weibchen gemeinsam pflegen. Der Vorteil dieser Haltungsweise liegt insbesondere darin, daß die Tiere frei entscheiden können, ob sie sich begegnen wollen, zum Beispiel zur Paarung, oder nicht. Ein Nachteil ist aber, daß die trächtigen Weibchen auf der Suche nach einem geeigneten Eiablageplatz erst einmal sämtliche Blumentöpfe umgraben, und es zudem recht schwierig ist, die Eiablageplätze ausfindig zu machen. Diesen Problemen kann man mit einem separaten „Ablageterrarium“ aus dem Weg gehen.

Wer die Möglichkeit hat, sollte seinen Chamäleons einen „Sommerurlaub“ im Garten oder auf dem Balkon ermöglichen, da er eine willkommene Abwechslung gegenüber dem normalen „Terrarienalltag“ darstellt. Häufig zeigen die Tiere aufgrund der größeren Lichtintensität erst hier ihre volle Farbenpracht. Auch läßt sich eine deutliche Aktivitätssteigerung feststellen.

Allerdings kann man seine Tiere meist nur an wenigen Tagen im Jahr im Garten pflegen, denn die zur artgerechten Haltung erforderlichen Temperaturen sind bei uns nur während weniger Sommertage im Jahr gegeben. Wichtig ist die Beachtung bestimmter baulicher Besonderheiten. Natürlich muß ein Freilufttterrarium ausbruchsicher sein. Es muß deshalb mit einer festen Bodenplatte ausgestattet sein, damit die Tiere nicht versehentlich durch eine Ritze ins Freie gelangen können. Auch sollten der Deckel und die Seitenwände aus Gaze bestehen, damit sich kein Hitzestau bilden kann und die Chamäleons ein ungefiltertes Sonnenbad nehmen können. Die Einrichtung ist möglichst einfach zu gestalten, was die ggf. häufige Entnahme erleichtert. Besonders geeignet sind stabile Volieren.

Beim Aufstellen eines Freilandterrariums sollte immer ein halbschattiger Platz gewählt werden, der es den Tieren ermöglicht, sich bei Bedarf aus der Sonne zu entfernen. Natürlich müssen die Gehege auch gegen Hunde, Nager, Katzen und Vögel (Krähen, Elstern usw.) gesichert werden.

**Wann immer möglich, sollte den Tieren ein Aufenthalt im Freien geboten werden.** Foto: U. Dost

Weibchen im Freiland

Foto: W. Schmidt

## Einzelhaltung oder Vergesellschaftung?

Diese Frage ist eigentlich ganz einfach zu beantworten, da das Jemenchamäleon von Natur aus ein ausgeprägter Einzelgänger ist, lassen sich niemals zwei Männchen miteinander vergesellschaften. Wenn überhaupt, kann nur ein Männchen mit einem oder mehreren Weibchen zusammen gepflegt werden. Solange die Weibchen nicht trächtig sind, können sie als recht verträglich gelten. Trotzdem benötigen auch sie Aufenthaltsplätze, an denen sie sich dem Sichtkontakt mit den übrigen Mitbewohnern entziehen können. Auch sollte man es unbedingt vermeiden, die Chamäleons von der gegenüberliegenden Seite oder vom Terrarium nebenan permanentem Sichtkontakt auszusetzen, da sich die Tiere dann dauernd bedroht und gestreßt fühlen. Bei jeder Vergesellschaftung muß man bedenken, daß im Gegensatz zur Natur der dort existierende „unendliche“ Fluchtraum im Terrarium gar nicht oder nur begrenzt vorhanden ist. Deshalb erfordert die paarweise Pflege dieser Art, aber auch die gemeinsame Haltung mit anderen größeren Echsen immer eine entsprechend geschickt gewählte Einrichtung.

Von einer Vergesellschaftung mit kleineren Echsen und Amphibien kann nur abgeraten werden, da die Jemenchamäleons sie lediglich als willkommene Bereicherung ihres Speiseplans betrachten. Selbst eine Vergesellschaftung mit nachtaktiven Leopardgeckos scheiterte, als diese zur Fütterungszeit auf der Bildfläche erschienen.

**Ist das Jemenchamäleon starkem Streß ausgesetzt, wird es versuchen, sich bestmöglich zu verstecken.**

Foto: P. Neças

**Wie dieses Foto anschaulich wiedergibt, ist auch ein Vergesellschaften mit anderen Echsen nicht ratsam.**
Foto: W. Schmidt

## Ausgewogene Ernährung

Eine hochwertige und ausgewogene Ernährung ist neben der artgerechten Unterbringung der wichtigste Aspekt bei der Pflege des Jemenchamäleons. Leider ist die genaue Zusammensetzung der Nahrung in der freien Natur unbekannt, doch dürfte es sich aufgrund des eher geringen Angebotes, zumindest was Wirbellose und vermutlich auch kleine Amphibien, Reptilien, Säuger und Vögel angeht, um einen Allesfresser handeln.
Chamäleons, so auch *Chamaeleo calyptratus*, gelten als Lauerjäger (sit-and-wait), doch stimmt dies genaugenommen nur zum Teil, gehen die Tiere doch, besonders in den frühen Morgen- und Abendstunden, aktiv auf die Nahrungssuche. Dabei stellt das Jagdverhalten insgesamt sicherlich eine der faszinierendsten Verhaltensweisen der Chamäleons dar. Immer wieder ist der unbedarfte Beobachter sehr erstaunt, wenn blitzschnell ein Beutetier im Maul der Echse verschwindet und er den Vorgang nur schemenhaft verfolgen konnte.
Neben der üblichen Insektenkost fressen die Chamäleons auch gerne (besser hin und wieder - oder noch präziser: einige Tiere regelmäßig, andere ihr Leben lang nicht) grüne Blätter sowie Obst und Blüten. Geeignet sind die unterschiedlichsten für Reptilien üblichen Futterpflanzen wie der Löwenzahn und seine Blüten, daneben auch die verschiedensten Früchte wie Banane, Apfel usw. Auch aus der Terrariendekoration suchen sich die Tiere meist die ihnen genehmen Pflanzen selbst aus. Wichtig ist nur, daß alle pflanzliche Nahrung garantiert frei von Insektiziden ist.
Die Ernährung der Echsen mit lebenden Insekten bereitet heutzutage keinerlei Schwierigkeiten mehr, kann man doch in zahlreichen Zoofachgeschäften ein großes Angebot an unterschiedlichen Futtertieren erwerben. Auch liefern Versandhandlungen, die sich auf Futterzuchten spezialisiert haben, ihr Angebot im Abonnement (Adressen entsprechender Firmen finden Sie in den Fachzeitschriften wie REPTILIA, DATZ, herpetofauna, Anzeigenjournal der DGHT usw.).
Die beste Lösung aber ist nach wie vor die eigene Futterzucht. Nur dann ist garantiert, daß die Insekten ein hochwertiges Futter darstellen. Nur durch eine möglichst gehaltvolle und abwechslungsreiche Ernährung der Futterzuchten erhält man die Qualität der Nahrung, die bei der im Vergleich mit der Natur stets gegebenen Einseitigkeit so dringend nötig ist. Ausführliche Anleitungen finden sich in dem Buch „Futterzuchten" von FRIEDERICH & VOLLAND (1992).
Gefüttert werden die Chamäleons je nach Größe mit der kleinen und großen flugunfähigen *Drosophila*, Getreideschimmelkäfern und deren Larven, Mehl- und Wachsmotten sowie deren Raupen, Mehlkäfern und deren Larven, Larven des großen Schwarzkäfers, verschiedenen Arten von Grillen und Heimchen, den ver-

schiedensten Schabenarten, Wanderheuschrecken, Schnecken, Mäusebabys usw. Auch hier gilt es, möglichst abwechslungsreich zu füttern, auch damit die Tiere keine Vorlieben entwickeln.
Vergleicht man das schier unendliche Angebot an verschiedenartigen Futtertieren in der Natur mit der kümmerlichen Auswahl im Terrarium, so wird jedem klar, daß die Nahrung entsprechend aufgewertet werden muß, um den Ansprüchen der Chamäleons gerecht zu werden. Hierzu werden die Insekten mit einem Vitamin-Mineralstoff-Aminosäuren-Gemisch (wie zum Beispiel Korvimin ZVT, hergestellt von der Wirtschaftsgenossenschaft Deutscher Tierärzte eG, Hannover, zu beziehen in der Apotheke oder beim Tierarzt) gut eingestäubt.
Dies ist besonders wichtig, weil unser angebotenes Futter ein unausgeglichenes Kalzium-Phosphor-Verhältnis aufweist, was mit Hilfe eines Mineralstoffgemischs korrigiert werden kann. Unsere Futterinsekten weisen häufig ein Kalzium-Phosphor-Verhältnis von 1:9 auf. Besser wäre aber ein leichtes Übergewicht des Kalziums. Ein natürlicher Kalziumüberschuß besteht zum Beispiel bei Mäusen. Die Kalziumversorgung kann man auch durch verstärktes Füttern von Karotten als Feuchtfutter oder durch Beimischung von Kalziumlaktat ins Futter erheblich aufbessern. Trotzdem ist das Einstäuben der Futtertiere unerläßlich.
Neben dieser Art der Vitaminversorgung muß in jedem Terrarium Kalzium in verschiedenen Formen vorhanden sein, das von den Tieren jederzeit aufgenommen werden kann. Die Palette der Möglich-

**Ausgewachsene Jemenchamäleons fressen auch Mäuse.**
Foto: P. Neças

keiten reicht von einem mit Kalzan $D_3$ gefüllten Schälchen über kleingebrochene Sepiastücke bis hin zu Muschelgritt als Bodenbelag (im Handel als Bedarf für die Taubenhaltung erhältlich). ROBERT SCHUHMACHER (mündliche Mitteilung) beobachtete, daß seine Tiere regelmäßig kleine Brocken des Muschelgritts regelrecht vom Boden geschossen und gefressen haben. Da selbst dies alles für einige Tiere noch nicht ausreicht, insbesondere für Weibchen mit mehrfacher Eiablage pro Jahr, sollte bei diesen dem Trinkwasser regelmäßig entweder eine Vitamin- und Mineralstoffmischung oder einfach Kalziumglukanat beigegeben werden. Alternativ kann man den Tieren auch zusätzlich je nach Größe regelmäßig, etwa einmal in der Woche, 0,1 bis mehrere Tropfen Multimulsin gezielt zufüttern; trächtigen Weibchen gibt man 5 Tropfen des Präparats.

Die Fütterung erfolgt am besten am späten Vormittag, wenn sich die Echsen bereits auf ihre Vorzugstemperatur erwärmt haben und volle Aktivität zeigen. Dies ist besonders wichtig, damit die Jemenchamäleons das Futter sofort fressen können und die Insekten keine Gelegenheit haben, das Vitaminpulver vorher abzuputzen.

Getränkt werden die Chamäleons durch tägliches, kurzes Überbrausen des gesamten Terrariums, wodurch man die morgendliche Taubildung imitiert. Zusätzlich befindet sich in jedem Behälter eine kleine Trinkschale, die am günstigsten an einen Ast gebunden wird. Wesentlich besser, aber leider auch zeitaufwendiger ist das Tränken mit Hilfe einer Pipette. Es erfordert schon ein wenig Geduld, bis die Chamäleons sich daran gewöhnt haben.

**Nur vitaminisierte Futtertiere sollten verfüttert werden.** Foto: U. Dost

## Krankheiten

Die Behandlung von Krankheiten stellt sicher eines der schwierigsten Themen innerhalb der Terraristik dar, da viele Terrarianer, wie ich auch, mit der genauen Diagnostik und anschließenden Behandlung überfordert sind. Daher beschränke ich mich auf allgemeine Hinweise sowie Tips zum Verhindern, Erkennen und Behandeln „einfacher“ Erkrankungen. Leider hat der Satz „ein krankes Chamäleon ist immer schon fast ein totes“ noch nichts von seinem Wahrheitsgehalt verloren. Für jeden Terrarianer sollte es daher oberstes Ziel sein, durch artgerechte Haltung, gesunde und ausgewogene Ernährung sowie sorgfältigen Umgang mit den Tieren Krankheiten zu vermeiden. In den meisten Fällen sind Krankheiten auf vermeidbare Fehler zurückzuführen. Leider kann es jedoch auch trotz der besten Haltung hin und wieder zu einer Erkrankung kommen.
Es empfiehlt sich daher, sich bereits vor Anschaffung seines Jemenchamäleons mit diesem Thema vertraut zu machen und sich die entsprechende Fachliteratur zuzulegen. Da wären die Bücher „Krankheiten der Amphibien und Reptilien“ von KÖHLER (1996) und „Heimtierkrankheiten“ von ISENBÜGEL & FRANK (1985) zu empfehlen. Weiterhin ist noch das ebenfalls deutschsprachige Werk „Handbuch der Zootierkrankheiten, Band 1 Reptilien“ von IPPEN, SCHRÖDER & ELZE (1985) sehr gut. Leider handelt es sich bei den darin angegebenen Präparaten um Produkte aus der damaligen DDR, die im Handel nicht mehr erhältlich sind.
Bei jeder Anschaffung von Tieren, die sich eine Zeitlang in von Zoohändlern auch für andere Reptilien genutzten Behältern befanden oder aus unbekannter Quelle stammen, ist eine etwa 6-8 Wochen lange Quarantänezeit unumgänglich, denn nur so läßt sich das Einschleppen von Parasiten und anderen Krankheitserregern vermeiden. Man sollte diese Gefahr nicht unterschätzen, denn unter Umständen verliert man nicht nur die Neuerwerbung, sondern den gesamten Bestand. Während der Quarantäne werden die Chamäleons in einem sterilen Terrarium untergebracht.
Wichtigster Gesichtspunkt dabei ist die leichte Reinigungs- und Desinfektionsmöglichkeit des Behälters. Als Desinfektionsmittel empfehlen sich nur Präparate auf Peroxid- (zum Beispiel Cysoval) oder Alkohol-Basis.
Den Bodengrund bildet Zeitungspapier, das täglich gewechselt wird. Die übrige Einrichtung besteht in der Regel aus einem kleinen Wassernapf sowie einigen Kletterästen und einer Plastikpflanze.
Handelt es sich bei dem Neuerwerb um ein schlecht fressendes Chamäleon, so kann man versuchen, seinen Appetit durch die Gabe von Bird Bene Bac wieder anzuregen (beim Tierarzt erhältlich; dabei handelt es sich um Darmbakterien in Pastenform, die zur Wiederherstellung der Darmflora beitragen können).

Genauso wichtig ist das Einsenden einer Kotprobe zur kostenpflichtigen Untersuchung an eine der drei unten genannten Untersuchungsstellen. Üblicherweise erkundigt man sich vor dem Versenden nach den Bedingungen wie Verpackung, Versand, Kosten usw., um unliebsame Überraschungen zu vermeiden. Der Kot sollte auf Parasiten aller Art, auch Amöben, untersucht werden.
Nachfolgend die Liste der Institute, die kostenpflichtige Kotuntersuchungen durchführen:

- Veterinärmedizinische Fakultät der Universität Gießen, Frankfurter Str. 87, 35392 Gießen
- Tiergesundheitsamt Hannover, Dr. Röder, Vahrenwalder Str. 133, 30165 Hannover 1
- GeVo Diagnostik, Gesellschaft für medizinische und biologische Untersuchungen mbH, Jakobstr. 65, 70794 Filderstadt.

Gleichzeitig bittet man auch immer um Behandlungshinweise. Vom Gang zu einem mit Reptilien unerfahrenen Tierarzt kann man nur abraten, weil sich mit diesem Randgebiet leider nur sehr wenige Fachleute intensiver befassen. Gleichwohl haben sich in der letzten Zeit etliche Tierärzte auch mit Reptilienkrankheiten beschäftigt, so daß sie uns erfolgreich weiterhelfen können. Die Namen und Adressen von derartig bewanderten Tierärzten erfragt man am besten in Zoos, bei den Untersuchungsstellen oder bei der DGHT.
Erhält man als Ergebnis der Kotuntersuchung den Befund „negativ", so schickt man nach drei Wochen eine weitere Kotprobe zur Untersuchung ein. Erst wenn auch die zweite Kotprobe keine Krankheitserreger aufweist hat man ausreichend Sicherheit, um das Tier in das eigentliche Terrarium zu setzen. Erhält man jedoch einen positiven Befund, so behandelt man das Chamäleon erst einmal entsprechend, bevor man erneut eine Kotprobe zur Erfolgskontrolle einsendet. Bei den oben genannten Untersuchungsstellen kann man auch um kostenpflichtige Sektion seiner verstorbenen Tiere bitten, wenn die Todesursache nicht bekannt und von Interesse ist.

**Häutungsprobleme**

Schwierigkeiten bei der Häutung sind normalerweise die ersten Anzeichen einer Mangelerkrankung oder aber ein Hinweis auf nicht artgemäße Haltung. Entsprechend sollte man versuchen, die Fehler durch Veränderung der Bedingungen zu beheben. Aber Vorsicht: Nicht jeder Hautrest stellt auch gleich ein Häutungsproblem dar. Erst wenn die Chamäleons es über einen längeren Zeitraum nicht schaffen, die alte Haut zu entfernen, spricht man von einem solchen.
Nach jeder Häutung sollte man kurz kontrollieren, ob sich die alte Hülle an den Gliedmaßen richtig und vollständig gelöst hat. Gerade Jungtiere sind für ein beson-

deres Krankheitsbild anfällig: Bei ihnen kann sich die alte Haut zwar vollständig und ordnungsgemäß lösen, jedoch reißt sie an den Gliedmaßen nicht auf und fällt auch nicht ab. Vielmehr rollt sie sich auf, so daß die entsprechende Extremität abgeschnürt wird. Als Folge davon stirbt erst diese ab, und später verendet das Jungtier. Derartige „Hautrollen" lassen sich, wenn man sie bei einer Kontrolle entdeckt, leicht manuell entfernen.
Sind allgemeine Häutungsschwierigkeiten erst einmal eingetreten, so hilft nur noch das mechanische Entfernen. Dafür reibt man die betroffene Stelle mit Vaseline ein, die einige Zeit einwirken muß, oder man badet das Tier in einer lauwarmen Kamillosan-Lösung, bevor die alte Haut manuell entfernt wird.

**Kleinere Verletzungen**
Trotz der größten Sorgfalt kommt es hin und wieder zu kleinen Verletzungen, zum Beispiel durch Beißereien bei einem Paarungsversuch etc. Dann sollte die Wunde sofort mit Gentianaviolett (5%iges Gentianaviolett in 70%igem Alkohol gelöst; in der Apotheke mischen lassen) bestrichen werden. Diese Lösung haftet wesentlich besser auf der Reptilienhaut als eine Salbe oder ein Puder. Hat sich die Verletzung jedoch bereits entzündet, so hilft eine antibiotische Salbe, wie zum Beispiel Nebacetin-Salbe (rezeptpflichtig), ggf. sollte man auch seinen Tierarzt nach neuen Produkten fragen.

**Verbrennungen**
Eigentlich dürften derartige Verletzungen gar nicht auftreten, da sie immer auf einen Haltungs- oder genauer einen Planungsbzw. Einrichtungsfehler zurückzuführen sind. Für *Chamaeleo calyptratus* gilt so ausdrücklich wie für keine andere Chamäleonart, daß sich keine Heizquellen, Leuchtstoffröhren oder Strahler jedweder Bauart im Behälter befinden dürfen. Auch bei über dem Terrarium angebrachten Strahlern sollte ein Mindestabstand eingehalten werden.
Ist es dennoch zu einer Verbrennung gekommen, so sollten Sie zur Behandlung einen Tierarzt hinzuziehen.

**Rachitis**
Rachitis ist ein Sammelbegriff für verschiedene Mangelerkrankungen, die durch eine zu niedrige Vitamin-, Mineralstoff- oder Aminosäurenversorgung verursacht werden. Genauso gehören dazu jene Krankheitsbilder, die auf falsche

**Gut lassen sich Kalzium und Vitaminpräparate auch über eine Pipette verabreichen.** Foto: W. Schmidt

Ernährung und zu hohe Vitamin-D-Gaben zurückgehen.
Das Krankheitsbild läßt sich nicht vollständig darstellen, so daß nur einige der häufigsten Erscheinungsformen beschrieben werden. Dies sind Knochenerweichungen, wie zum Beispiel fibröse Osteodystrophie, sowie Gicht und Stoffwechselstörungen. Man erkennt diese an weichen Knochen: zum Beispiel sind die Kiefer nicht mehr hart, das Tier neigt zu Knochenbrüchen, zeigt Verkrümmungen der Wirbelsäule und des Schwanzes oder auch zu kurz gewachsene Kiefer oder Gliedmaße. Diese Erscheinungsbilder zeigen die Chamäleons am häufigsten während des Wachstums oder die Weibchen auch in der Fortpflanzungsperiode. Zusätzlich erkennt man Rachitis beim Jemenchamäleon an dem unförmig gewachsenen oder krummen Helm und stark verkrümmten Beinen.
Ursachen dieser Phänomene sind fast durchweg Ernährungsfehler. Die erkrankten Tiere haben zumeist langfristig zuwenig Vitamine, Mineralstoffe oder bestimmte Aminosäuren erhalten. Daher sollte man nicht nur die Futtertiere regelmäßig mit einem geeigneten Präparat (etwa Korvimin ZVT) bestäuben, sondern den Tieren im Terrarium auch immer zerstoßene Sepiaschale, Muschelgritt oder zerstoßene Kalzan-D3-Tabletten anbieten. Zusätzlich empfiehlt es sich, dem Trinkwasser einmal in der Woche ein Vitamingemisch und ggf. auch Kalziumglukanat beizugeben. Außerdem kann man den Tieren regelmäßig (abhängig von ihrer Größe) wöchentlich 0,1 bis mehrere Tropfen Multimulsin direkt verabreichen. Bei bereits erkrankten Tieren hat sich auch eine maßvolle UV-Bestrahlung oft bewährt.

### Legenot

Von einer Legenot spricht man, wenn die Weibchen nicht in der Lage sind, ihre Eier selbständig abzulegen. Dies kann eine Vielzahl von Ursachen haben, wie Streß, nicht artgerechte Eiablageplätze, unzureichende Vitamin- und Mineralstoffversorgung usw. Deshalb gilt auch hier, daß eine artgemäße Ernährung sowie optimale Haltung die beste Medizin ist. Ist der physiologische Eiablagetermin überschritten, so hilft nur noch eine Oxytocin-Therapie, zu der unbedingt ein qualifizierter Tierarzt hinzugezogen werden sollte.

**Ein hochgradig trächtiges Jemenchamäleon. Sollte die Eiablage nicht innerhalb weniger Tage erfolgen, ist ein Arzt hinzuzuziehen.** Foto: P. Neças

## Artenschutz

Wer sich mit der Haltung und Zucht des Jemenchamäleons beschäftigen will, muß wissen, daß seine Pfleglinge verschiedenen Artenschutzgesetzen unterliegen. Die wichtigste Schutzbestimmung ist das Washingtoner Artenschutzabkommen, kurz WA oder CITES genannt, das den internationalen Handel mit Tieren regelt. Zum WA gehören verschiedene Anhänge, welche die Schutzbedürftigkeit der aufgeführten Arten abgestuft widerspiegeln sollen. *Chamaeleo calyptratus* ist in Anhang II aufgeführt.

Die Tiere durften bis Mai 1997 nur mit einer CITES-Bescheinigung abgegeben werden. Diese Bescheinigung kann man auch als „Personalausweis“ für geschützte Tiere betrachten. Seit dem 1.1.1984 war sie in der Bundesrepublik Formvorschrift. Da die Pflicht zu CITES-Papieren seit dem 01.06.1997 weggefallen ist, genügt nun (innerhalb der EU) eine Rechnung oder Bescheinigung zum Nachweis der Herkunft der Tiere. Nach wie vor müssen die Tiere jedoch bei der zuständigen Behörde (je nach Bundesland verschieden) angemeldet werden. Auch Nachzuchten sowie Todesfälle müssen der Behörde innerhalb von vier Wochen angezeigt werden. Es dürfte jedem klar sein, daß die Sachbearbeiter angesichts der Tatsache, daß die Terrarianer nur eine kleine Gruppe darstellen, die aber extrem viele Tierarten betrifft, in der Regel überfordert sind. Es ist daher immer ratsam, Kontakt mit der zuständigen Behörde aufzunehmen und mit dem Sachbearbeiter über die genaue Handhabung zu sprechen. Das erleichtert spätere Rückfragen und beugt Mißverständnissen vor.

# Literatur

ALTEVOGT, R. & R. ALTEVOGT (1954): Studien zur Kinematik der Chamäleonzunge. - Zeitschrift für Vergleichende Physiologie, 36: 66-77.

ANDERSON, J. (1898): Zoology of Egypt: First Volume. Reptilia and Batrachia. - London.

— (1901): A list of Reptiles and Batrachians obtained by Mr. A. Blayney Percival in Southern Arabia. - Proc. zool. Soc., London: 137-154.

ARNOLD, E.N. (1987): Zoogeography of the Reptiles and Amphibians of Arabia. - Fauna of Saudi Arabia 8: 385-435.

ATSATT, S.R. (1953): Storage of Sperm in the female Chamaeleon, *Microsaura pumila pumila*. - Copeia, 59.

BECH, R. & U. KADEN (1990): Echsen. - Urania Verlag, Leipzig.

BLECHA, J. & O. HES (1993): Nekolik poznamek k chovu chameleona jemenského (*Chamaeleo calyptratus calyptratus*). - Akvárium Terárium 36(7): 40-42.

BÖHME W.(1990): Buchbesprechung. - Zeitschrift für zoologische Systematik und Evolutionsforschung, 28(4): 315-316.

BÖTTGER, O. (1893): Katalog der Reptilien - Sammlung im Museum der Senkkenbergischen Naturforschenden Gesellschaft in Frankfurt. I. Teil. Rhynchocephalen, Schildkröten, Krokodile, Eidechsen, Chamaeleons. - Frankfurt/M.

BOULENGER, G.A. (1887): Catalogue of the Lizards in the British Museum (Nat. Hist.) III. (2nd ed.). - London.

— (1895): Major Yerbury an *Chamaeleo calcarifer*. - Proc. zool. Soc. London: 833-834.

BROER, W. & H.G. HORN (1985): Erfahrungen bei der Verwendung eines Motorbrüters zur Zeitigung von Reptilieneiern. - Salamandra, Bonn, 21(4): 304-310.

BRYGOO, E.R. (1983): Les types de Caméléonidés (Reptiles; Sauriens) du Muséum national d'Histoire naturelle, Catalogue critique. - Bull. Mus. nat. Hist. nat., Paris, 5A(3) suppl.: 1-26.

FRIEDERICH, U. & W. VOLLAND (1981): Futtertierzuchten. - Ulmer Verlag, Stuttgart.

FROST, D.R. & R. ETHERIDGE (1989): A Phylogenetic Analysis and Taxonomy of Iguanian Lizards (Reptilia: Squamata). - Univ. Kansas Museum Nat. Hist. Misc. Publications No. 81.

GRAY, J.E. (1865): Revision of the genera and species of Chamaeleonidae, with description of some new species. - Proc. zool. Soc. London: 465-477.

GRECKHAMMER, A. (1993): Bemerkungen über die Haltung und Zucht von *Chamaeleo calyptratus* Dumeríl & Dumeríl, 1851. - Jahrbuch für Terrarianer 1: 24-31.

HAAS, G. (1957): Some amphibians and reptiles from Arabia. - Proc. Calif. Sci. 4(29): 47-86.

HAAS, G. & J.C. BATTERSBY (1959): Amphibians and Reptiles from Arabia. - Copeia 3: 196-202.

HENKEL, F.W. & S. HEINECKE (1993): Chamäleons im Terrarium. - Landbuch-Verlag, Hannover.

HENKEL, F.W. & W. SCHMIDT (1991): Geckos. - Ulmer Verlag, Stuttgart.

— (1997): Terrarien - Bau und Einrichtung. - Ulmer Verlag, Stuttgart.

HILLENIUS, D. (1966): Notes on Chameleons III: The chameleons of southern Arabia. - Beaufortia 156(13): 91-108.

HILLENIUS, D. & J. GASPERETTI (1984): Reptiles of Saudi Arabia. The Chameleons of Saudi Arabia. - Fauna of Saudi Arabia 6: 513-526.

HROMÁDKA, J. (1991): Chameleón jemensky - *Chamaeleo calyptratus calyptratus* v prirode a v teráriu. - Akvárium-Terárium, 1: 30-32.

IPPEN, R., H.D. SCHRÖDER & K. ELZE (1985): Handbuch der Zootierkrankheiten, Band 1 Reptilien. - Akademie Verlag, Berlin.

ISENBÜGEL, E. & W. FRANK (1985): Heimtierkrankheiten. - Ulmer Verlag, Stuttgart.

JOGER, U. (1987): An Interpretation of Reptile Zoogeography in Arabia, with Special reference to Arabian Herpetofaunal Relations with Africa. - Proc. symp. on the Fauna and zoogeography of the Middle East, Mainz, 257-271.

KÄSTLE, W. (1967): Echsen im Terrarium. - Franckh'sche Verlagshandlung, Stuttgart.

— (1982): Schwarz vor Zorn, Farbwechsel bei Chamäleons. - Aquarien Magazin, Stuttgart.

KLAVER, C. (1977): Comparative lung-morphology in the genus *Chamaeleo* Laurenti, 1768 (Sauria: Chamaeleonidae), with a discussion of taxonomic and zoogeograohic implications. - Beaufortia 25(327): 167-199.

KLAVER, CH. & W. BÖHME (1986): Phylogeny and classification of the Chamaeleonidae (Sauria), with special reference to hemipenis morphology. - Bonn zool. Monogr., 22: 1-64.

KÖHLER, G. (1996): Krankheiten der Reptilien und Amphibien. - Ulmer, Stuttgart.

LEPTIEN, R. (1989): Erläuterungen zu einigen Grundsatzfragen in der Chamäleonhaltung. - Sauria, Berlin, 11(4): 3-8.

MASURAT, I. & G. MASURAT (1996): Nachzuchtergebnisse bei *Chamaeleo jacksonii* Boulenger, 1896 (Sauria: Chamaeleonidae) über 15 Jahre. - Salamandra, Frankfurt, 32(1): 1-12.

MERTENS, R. (1946): Die Warn- und Drohreaktionen der Reptilien.- Abh. Senckenberg. naturforsch. Ges., Frankfurt.

— (1966): Chamaeleonidae. - Das Tierreich 83.

MEIER, M. (1979): Eine ehrliche Haut. - Geo, Hamburg, 32-48.

MOCQUARD, F. (1895): *Chamaeleo calcarifer*, Peters et *Ch. calyptratus*, A. Dum. - C.R. Soc. Philom., Paris, 36.

NAJBERT, R. (1992): Chov chameleona *Chamaeleo calyptratus* Dumeríl & Dumeríl, 1851 v teráriu. - Terarista 3(4): 15-18.

NECAS, P. (1990): Chameleón - *Chamaeleo calyptratus calyptratus*. - Ziva 38(5): 228-229.

— (1991): *Chamaeleo calyptratus calyptratus*. - herpetofauna, Weinstadt, 13 (73): 6-10.

— (1991): Einige Bemerkungen zur Biologie von *Chamaeleo calyptratus*. - Zusammenfassung der DGHT-Tagung, Bonn.

— (1991): Einige Anmerkungen zur Biologie von *Chamaeleo calyptratus*. - Mitteilungsblatt der AG Chamäleons in der DGHT 3: 3.

— (1995): Chamäleons - Bunte Juwelen der Natur. - Ed. Chimaira, Frankfurt.

NIETZKE, G. (1978): Die Terrarientiere Teil 1 und 2. - Ulmer Verlag, Stuttgart.

OBST, F.J., K. RICHTER & U. JACOB (1984): Lexikon der Terraristik und Herpetologie. - Landbuch-Verlag, Hannover.

OESER, R. (1961a): Chamäleon-Pflege, I. - DATZ, Stuttgart, 14: 53-56.

— (1961b): Chamäleon-Pflege, II. - DATZ, Stuttgart, 14: 91-94.

— (1961c): Chamäleon-Pflege, III. - DATZ, Stuttgart, 14: 116-117.

PETZOLD, H:G: (1982): Aufgaben und Probleme bei der Erforschung der Lebensäußerungen der Niederen Amnionten (Reptilien). - Berliner Tierpark Buch Nr. 38, Nachdruck aus Milu Bd. 5(4/5): 485-786.

SCHÄTTI, B. (1989): Amphibien und Reptilien der Arabischen Republik Jemen und Djibouti. - Revue suisse Zool. 964): 905-937.

SCHÄTTI, B. & R. FORTINA (1987): Herpetologische Beobachtungen in der Arabischen Republik Jemen. - Jemen-Report, Mitt. der Deutsch-Jemen. Ges. 18(2): 28-31.

SCHIFTER, H. (1971): Familie Chamäleons. - In: Grzimeks Tierleben, Bd. VI: 229-245.

SCHMIDT, K.P. (1953): Amphibians and Reptiles from Yemen. - Fieldiana, Zoology 34(24): 253-261.

SCHMIDT, W. (1990): Anmerkungen zur Pflege von Chamäleons. - DATZ, Stuttgart, 43: 268-272.

— (1992): Über die erstmalige gelungene Nachzucht von *Furcifer campani* Grandidier, 1872, sowie eine Zusammenstellung einiger Eizeitigungsdaten von verschiedenen Chamäleonarten in Tabellenform. - Sauria, Berlin, 13(3): 21-23.

— (1994): Gedanken zur Problematik bei der Aufzucht von Nachzuchten verschiedener Chamäleonarten. - Sauria, Berlin 16 (2): 35-38.

— (1996): Das Jemenchamäleon. - REPTILIA (Münster), 1(2): 61-64

SCHMIDT, W., K. TAMM & E. WALLIKEWITZ (1996): Chamäleons - Drachen unserer Zeit. - 2. Auflage. - Natur und Tier - Verlag, Münster.

STEINDACHNER, F. (1900): Expediton S. M. Schiff „Pola" in das Rote Meer. Bericht über die herpetologische Aufsammlung. - Denkschriften der mathem.-naturw. Cl. 69: 325-339.

TIEDEMANN, U. & M. TIEDEMANN (1992): *Chamaeleo calyptratus* - Jemenchamäleon. - Mitteilungsblatt der AG Chamäleons Nr. 5: 3-4.

WERNER, F. (1902): Prodormus einer Monographie der Chamäleonten. - Zool. Jb. Syst., 15: 295-460.

— (1907): Ergebnisse der Subvention aus der Erbschaft Treitl unternommenen zoologischen Forschungsreise Dr. Franz Werner´s nach dem ägyptischen Sudan und Norduganda. XII. Die Reptilien und Amphibien. - Sitzungsber. kaiserl. Akad. Wiss. Wien, Mathem.-naturw. Klasse CXVI (I).

— (1911): Chamaeleontidae. - Das Tierreich 27.

ZIMMERMANN, E. (1983): Das Züchten von Terrarientieren. - Franckh'sche Verlagsbuchhandlung, Stuttgart